高等职业教育"十三五"规划教材

DAXUE JISUANJI JICHU SHIYAN ZHIDAO

大学计算机基础实验指导

主编 杨洲 刘艳 查勇 王卫华

重庆大学出版社

图书在版编目（CIP）数据

大学计算机基础实验指导/杨洲等主编.--重庆：
重庆大学出版社,2019.8（2020.10 重印）
ISBN 978-7-5689- 1628- 8

Ⅰ.①大… Ⅱ.①杨… Ⅲ.①电子计算机—高等学校
—教学参考资料 Ⅳ.①TP3

中国版本图书馆 CIP 数据核字（2019）第 125371 号

大学计算机基础实验指导

主编 杨 洲 刘 艳 查 勇 王卫华
策划编辑:鲁 黎

责任编辑:陈 力 版式设计:鲁 黎
责任校对:关德强 责任印制:张 策

*

重庆大学出版社出版发行
出版人:饶帮华
社址:重庆市沙坪坝区大学城西路 21 号
邮编:401331
电话:(023) 88617190 88617185(中小学)
传真:(023) 88617186 88617166
网址:http://www.cqup.com.cn
邮箱:fxk@ cqup.com.cn（营销中心）
全国新华书店经销
重庆华林天美印务有限公司印刷

*

开本:787mm×1092mm 1/16 印张:10 字数:227千
2019 年 8 月第 1 版 2020 年 10 月第 2 次印刷
ISBN 978-7- 5689- 1628- 8 定价:29.00 元

前　言

在信息技术飞速发展的今天,计算机已成为人们工作、学习和生活中的重要工具之一。作为 21 世纪的在校大学生,有必要加强对计算机基础知识的了解和学习,熟悉计算机在各行业的应用及操作流程,掌握计算机的相关概念和知识,精通计算机操作的基本技能。本教材强调实践操作和应用能力的训练,以帮助读者更好地理解与掌握计算机相关的理论知识和实际操作,并结合计算机等级考试的要求编写了综合练习题,使本教材适用于应用型高职高专院校的教学。

本教材是与《大学计算机基础》配套的实训教学指导教材,其主要的教学目标是让读者掌握一定的计算机基础理论知识及实践操作能力,因此,在内容的安排上以培养基本应用技能为主线,通过大量的实训任务及丰富的图解说明来介绍计算机应用的相关知识,具有内容新颖、结构紧凑、层次清楚、图文并茂、通俗易懂、适用性强、便于教与学等特点。

本教材由多名长期从事计算机基础教育教学和研究的人员编写,全书分为两个部分:第一部分为计算机等级考试考纲及指南,共 4 个内容,内容涵盖计算机等级考试大纲、考试指南、全国计算机等级考试考场规则、全国计算机等级考试考生须知。第二部分为上机实训,共分为 6 个项目,注重计算机的实际应用和操作,内容包括计算机系统组成实训、MS Office 2010 之 Word 实战训练、MS Office 2010 之 Excel 实战训练、MS Office 2010 之 PowerPoint 实战训练、计算机网络应用、信息安全与防护实训等。根据计算机应用基础课程标准和实际应用,每个项目包含不同数量的实训任务和练习题,每个实训任务中设有实训的操作过程,特别是文字处理软件 Word、电子表格处理软件 Excel、演示文稿处理软件 PowerPoint 3 个部分中的每个实训任务完成后,再配备(至少会有一个)真实的实训效果文档。通过实训过程,将计算机基础知识与操作有机结合在一起,不仅有益于快速掌握计算机操作技能,而且也加深了对计算机基础知识的理解,从而达到巩固理论知识、强化操作技能的目的。由于教材篇幅有限,关于实训任务的操作过程,可供参考,在此基础上,某些操作点也可使用另外的方法完成,关键是要抓住重点,开拓思路,提高分析问题、解决问题的能力。为此,在各个项目后配有综合练习题,帮助读者进一步巩固、强化操作技能。

本教材可作为高等院校计算机公共基础课程教材，也可作为参加计算机基础知识和应用能力等级考试一级考试人员的培训教材。需要特别说明的是，为了让读者能更好地为参加计算机等级考试作准备，满足在 Office 部分操作题的要求，本教材特地在 Office 2010 部分准备了相关的操作要求及操作素材供读者使用。

本书由天府新区通用航空职业学院杨洲、重庆旅游职业学院刘艳、天府新区通用航空职业学院查勇、重庆商务学院王卫华担任主编。其中，第 1 部分、第 2 部分的第 1 章由刘艳编写，第 2 部分的第 2 章、附录 1、附录 2 由查勇编写，第 2 部分的第 3 章、附录 3、附录 4、附录 5 由王卫华编写，第 2 部分的第 4 章、第 5 章、第 6 章由杨洲编写。

本书在编写过程中得到了各方面的大力支持，在此一并表示感谢。同时，由于编者水平有限，书中难免存在疏漏之处，欢迎广大读者批评指正。

编　者

2019 年 3 月

目 录

CONTENTS

第 1 部分　考纲及指南

第2部分　上机实训

第1部分

考纲及指南

第1章 考试大纲

1.1 全国计算机等级考试

一级 MS Office 考试大纲(2018 年版)

①具有微型计算机的基础知识(包括计算机病毒的防治常识)。

②了解微型计算机系统的组成和各部分的功能。

③了解操作系统的基本功能和作用,掌握 Windows 的基本操作和应用。

④了解文字处理的基本知识,熟练掌握文字处理软件 Word 的基本操作和应用,熟练掌握一种汉字(键盘)输入方法。

⑤了解电子表格软件的基本知识,掌握电子表格软件 Excel 的基本操作和应用。

⑥了解多媒体演示软件的基本知识,掌握演示文稿制作软件 PowerPoint 的基本操作和应用。

⑦了解计算机网络的基本概念和因特网(Internet)的初步知识,掌握 IE 浏览器软件和 Outlook 软件的基本操作和使用。

1.2 考查知识点

全国计算机等级考试的内容分为选择题和操作技能题两部分。选择题部分共 20 题,每题 1 分,共 20 分,考点主要集中在微机基础知识(12~14 分)和计算机网络基础知识(6~8 分)。操作技能题部分共 5 题 80 分,包括 Windows 7 基本操作(10 分)、Word 2010 基本操作(25 分)、Excel 2010 基本操作(20 分)、PowerPoint 2010 基本操作(15 分)和因特网的简单应用(10 分)。

1.2.1 计算机基础知识

①计算机的发展、类型及其应用领域。

②计算机中数据的表示、存储与处理。

③多媒体技术的概念与应用。

④计算机病毒的概念、特征、分类与防治。

⑤计算机网络的概念、组成和分类;计算机与网络信息安全的概念和防控。

⑥因特网网络服务的概念、原理和应用。

1.2.2 操作系统的功能和使用

①计算机软、硬件系统的组成及主要技术指标。

②操作系统的基本概念、功能、组成及分类。

③Windows 7 操作系统的基本概念和常用术语,文件、文件夹、库等。

④Windows 7 操作系统的基本操作和应用。

a.桌面外观的设置,基本的网络配置。

b.熟练掌握资源管理器的操作与应用。

c.掌握文件、磁盘、显示属性的查看、设置等操作。

d.中文输入法的安装、删除和选用。

e.掌握检索文件、查询程序的方法。

f.了解软、硬件的基本系统工具。

1.2.3 文字处理软件(Word 2010)的功能和使用

①Word 2010 的基本概念、Word 2010 的基本功能和运行环境,Word 2010 的启动和退出。

②文档的创建、打开、输入、保存等基本操作。

③文本的选定、插入与删除、复制与移动、查找与替换等基本编辑技术;多窗口和多文档的编辑。

④字体格式设置、段落格式设置、文档页面设置、文档背景设置和文档分栏等基本排版技术。

⑤表格的创建、修改;表格的修饰;表格中数据的输入与编辑;数据的排序和计算。

⑥图形和图片的插入;图形的建立和编辑;文本框、艺术字的使用和编辑。

⑦文档的保护和打印。

1.2.4 电子表格软件(Excel 2010)的功能和使用

①Excel 2010 的基本概念和基本功能、运行环境、启动和退出。

②工作簿和工作表的基本概念和基本操作,工作簿和工作表的建立、保存和退出;数据输入和编辑;工作表和单元格的选定、插入、删除、复制、移动;工作表的重命名和工作表窗口的拆分和冻结。

③工作表的格式化,包括设置单元格格式、设置列宽和行高、设置条件格式、使用样式、自动套用模式和使用模板等。

④单元格绝对地址和相对地址的概念,工作表中公式的输入和复制,常用函数的使用。

⑤图表的建立、编辑、修改以及修饰。

⑥数据清单的概念,数据清单的建立,数据清单内容的排序、筛选、分类汇总,数据合

并,数据透视表的建立。

⑦工作表的页面设置、打印预览和打印,工作表中链接的建立。

⑧保护和隐藏工作簿和工作表。

1.2.5　幻灯片(PowerPoint 2010)的功能和使用

①中文 PowerPoint 2010 的功能、运行环境、启动和退出。

②演示文稿的创建、打开、关闭和保存。

③演示文稿视图的使用,幻灯片基本操作(版式、插入、移动、复制和删除)。

④幻灯片基本制作(文本、图片、艺术字、形状、表格等插入及其格式化)。

⑤演示文稿主题选用与幻灯片背景设置。

⑥演示文稿放映设计(动画设计、放映方式、切换效果)。

⑦演示文稿的打包和打印。

1.2.6　因特网的初步知识和应用

①了解计算机网络的基本概念和因特网的基础知识,主要包括网络硬件和软件,TCP/IP 协议的工作原理,以及网络应用中常见的概念,如域名、IP 地址、DNS 服务等。

②能够熟练掌握浏览器、电子邮件的使用和操作。

第 2 章　考试指南

2.1　应试技巧——理论题的复习方法和答题技巧

2.1.1　及时复习

不定期回顾自己以前学过的内容。这种复习方法花费时间不多,而且时间可逐步减少,但是复习效果比较好,一方面可以巩固自己以前所学的知识,另一方面还可以加深前后知识的连贯性,形成知识体系。

2.1.2　归纳整理,注重实践

对计算机初学者来说,要通过全国计算机等级考试,记忆相关知识内容是一个难关,除了要记忆计算机基础知识外,还需要记忆 Windows、Office 的操作方法。

2.1.3　适度模拟测试

每隔一段时间进行一次全真模拟测试,通过测试发现不足,"对症下药"解决问题。由于模拟测试只是一个手段,而不是目的,所以不宜频繁进行这种测试,复习重点仍是教材,并且多思考和总结。

2.1.4　建立错题集

把平时模拟测试中的易错试题记录下来,每隔一段时间专门针对错题中涉及的知识点进行复习,会取得更好的复习效果,这样可以有效提高选择题的正确率。

2.1.5　确定答案

对于选择题,如果能一眼看出其中哪个答案是正确的,那就不必再去看其他 3 个答案,以免思考太多反而出错;如果不能立即确定其中哪个答案是正确的,可以采用排除法确定答案的正误。

2.1.6　确定题目的正反向选择

要看清楚题目问的是正向的选择还是反向的选择,有的题目问的是 4 个选项的表达中哪一个是正确的,而有些题目问的是 4 个选项中哪一个是不正确的,因此一定要看清楚。

2.2 应试技巧——上机考试(考试时长 90 分钟,满分 100 分)

2.2.1 题型及分值

①单项选择题(计算机基础知识和网络的基本知识)。(20 分)
②Windows 7 操作系统的使用。(10 分)
③Word 操作。(25 分)
④Excel 操作。(20 分)
⑤PowerPoint 操作。(15 分)
⑥浏览器(IE)的简单使用和电子邮件收发。(10 分)

2.2.2 考试环境

操作系统:中文版 Windows 7。
考试环境:Microsoft Office 2010。

2.2.3 考试说明

(1)考试账号登录
考生登录分为首次登录、二次登录、重新抽题,后两种情况需要输入相应的密码。
(2)打开考试系统
在计算机桌面或开始菜单中双击或单击"NCRE 考试系统"即可打开考试系统客户端。
(3)系统随机抽题
输入准考证号后,在核对考生信息无误后单击"下一步"按钮进入系统,系统将自动为每位考生生成考题。
(4)查看介绍和须知
①系统抽完题后,在此界面可以查看考试题型、分值和考试须知的内容,了解内容后,勾选"已阅读",单击"开始考试并计时"按钮,即可开始正式考试。同时考试科目信息和考生身份信息显示在界面上方,考生可以再次核对信息是否正确。单击"考试准考证号"或者"考生姓名",即能看到考生身份信息。
②查看帮助:单击考试系统右上角的"帮助"按钮,可以查看系统帮助。
③查看考试剩余时间:在考试主界面右上角可以看到考试剩余时间,考生可以根据该信息合理安排答题节奏。考试结束前 5 分钟考试系统会弹出一个提示框提醒考生。
④考生文件夹:单击考试系统右上角的"考生文件夹"按钮,可以进入考生文件夹。
⑤隐藏试题:单击考试系统右上角的"隐藏试题"按钮,可以将试题导航栏隐藏,单击"显示试题"按钮则可恢复显示。

⑥作答进度:单击考试系统右上角的"作答进度"按钮,可以查看当前答题情况,单击未作答的题号可以直接进入该题(已交卷的选择题不能再次进入)。

⑦考生作答及标记:在作答时,已作答试题和未作答试题所对应的试题按钮以不同的颜色来标记。考生也可以单击试题前面的试题编号来标记该题。

⑧试题切换:作答完一道题后,可以单击下一道题的题号进行翻页。

⑨输入法的切换:在作答不同题型时,可能需要不同的输入法,在考试系统中如果需要切换输入法,直接单击考试系统右下角的输入法显示区即可选择需要的输入法。

(5)交卷

如果考生要提前结束考试并交卷,可在界面顶部的显示窗口中单击"交卷"按钮,考试系统将弹出考生作答的统计信息及是否要交卷处理的提示信息框,此时考生如果单击"确定"按钮,则会提示考生再次确认,如果单击"是"按钮则考试系统进行交卷处理,单击"取消"按钮则返回考试界面,继续进行考试。

系统进行交卷处理后会锁定屏幕,并显示"交卷正常,考试结束",这时只要输入正确的结束密码就可结束考试。

如果在规定的考试时间内考生没有交卷,在规定时间用完后,系统会自动锁定,不能再进行答题。管理员或者监考老师输入密码解锁,在延时的范围内再执行交卷操作。

2.3 操作题的复习方法和答题技巧

(1)多练习,勤上机

学懂了,并非学会了,要想把知识真正变成能操作运用的工具和本领就必须时时巩固。

(2)操作的多样性

要注意完成某个任务或执行某个功能的多种方法,在练习时对每一种方法都要有所了解,所以在操作时最应关心的不是结果而是过程,是用了哪个菜单和选择了哪个选项等。对软件的常用菜单都能做什么事或者反过来说做什么事要用什么菜单都需要多学习、多掌握。

(3)熟悉上机环境

在有条件的情况下,尽量在考试机房进行上机练习。

(4)先易后难

首先做自己有把握的题目,再做有困难的题目。

(5)耐心细致

因为上机考试的评分是以机评为主,人工复查为辅。虽然机评不存在公正性的问题,但却存在呆板性的问题,考生若不考虑到这些情况,也可能丢分。在答题时,最重要的是耐心细致,切勿慌乱。

(6)注意细节

确保文件名完全正确,不能出现多余的空格。

2.4　考试注意事项

①首先对考试用机的环境进行设置,如隐藏的文件或文件夹以及文件扩展名都需要显示出来。

②考生所有作答均须保存在考生文件夹下,否则将影响考试评分或不得分。

③考生在作答选择题时键盘被封锁,使用键盘无效,只能使用鼠标答题。

④选择题部分只能进入一次,退出后不能再次进入。

⑤选择题部分不单独计时。

⑥Office 文件须使用 Office 软件操作,使用其他应用软件如 WPS 等将影响考试评分或不得分。

⑦考生须按题目要求保存文件,文件名、文件格式错误将影响考试评分或不得分。

第3章 全国计算机等级考试考场规则

①考生在考前15分钟到达考场,由工作人员核验考生准考证、有效身份证件。考生持准考证、有效身份证件进入考场,缺一不得参加考试。

②考生只准携带必要的考试文具(如钢笔、圆珠笔等)入场,不得携带任何书籍资料、通信设备、数据存储设备、智能电子设备等辅助工具及其他未经允许的物品。

③考生入场后,应对号入座,并将本人的准考证、有效身份证件放在桌上。

④考生在计算机上输入自己的准考证号,并核验屏幕上显示的姓名、有效身份证件号,如有不符,应立刻举手,与监考人员取得联系,并说明情况。

⑤在自己核验无误后,等待监考人员的统一指令开始进行正式考试。

⑥考试开始后,迟到考生不得进入考场,考试开始后15分钟内,考生不准离开考场。

⑦考试时间由系统自动控制,计时结束后系统将自动退出作答界面。

⑧考生在考场内应保持安静,严格遵守考场纪律,对于违反考场规定、不服从监考人员管理和作弊者将按规定给予处罚。

⑨考试过程中,如出现死机或系统错误等,应立刻停止操作,举手与监考人员联系。

⑩考生考试时,禁止抄录有关试题信息。

⑪考生交卷后,举手与监考人员联系,等监考人员确认考生交卷正常后,方可离开。

⑫考生离开考场后,不准在考场附近逗留或交谈。

⑬考生应自觉服从监考人员的管理,不得以任何理由妨碍监考人员的正常工作。监考人员有权对考场内发生的问题按规定进行处理。对扰乱考场秩序、恐吓、威胁监考人员的考生,参照《国家教育考试违规处理办法》(教育部33号令)处理。

第4章 全国计算机等级考试考生须知

4.1 考试报名

①考生按照省级承办机构公布的报名流程到考点现场报名或网上报名。

②考生凭有效身份证件进行报名。有效身份证件指居民身份证(含临时身份证)、港澳居民来往内地通行证、台湾居民来往大陆通行证以及护照。

③报名时,考生应提供准确的出生日期(8位字符型),否则将导致成绩合格的考生无法进行证书编号和打印证书。

④现场报名的考生应在一式两联的《考生报名登记表》上(含照片)确认信息,对于错误的信息应当场提出,更改后再次确认,无误后方可签字;网上报名的考生由考生自己对填报信息负责。

⑤现场报名的考生领取准考证时,应携带《考生报名登记表》(考生留存)和有效身份证件方能领取,并自行查看考场分布、时间;网上报名的考生,按省级承办机构要求完成相应的工作。

4.2 参加考试

①考生应在考前15分钟到达考场,交验准考证和有效身份证件。

②考生提前5分钟在考试系统中输入自己的准考证号,并核对屏幕显示的姓名、有效身份证件号,如不符合,由监考人员帮其查找原因。考生信息以报名库和考生签字的《考生报名登记表》信息为准,不得更改报名信息和登录信息。

③考试开始后,迟到考生禁止入场,考试开始15分钟后考生才能交卷并离开考场。

④在出现系统故障、死机、死循环、供电故障等特殊情况时,考生举手由监考人员判断原因。如属于考生误操作造成,后果由考生自负,给考点造成经济损失的,由考生个人负担。

⑤对于违规考生,由教育部考试中心根据违规记录进行处理。

⑥考生成绩等级分为优秀、及格、不及格三等,90~100分为优秀、60~89分为及格、0~59分为不及格。

⑦在证书的"成绩"项处,成绩为"及格"的,证书上只打印"合格"字样;成绩为"优秀"的,证书上打印"优秀"字样。

⑧考生领取全国计算机等级考试合格证书时,应由本人持有效身份证件领取,并填写领取登记清单。

⑨考生对分数的任何疑问,应在省级承办机构下发成绩后5个工作日内,向其报名的考点提出书面申请。

　　⑩由于个人原因将合格证书遗失、损坏等,符合补办条件的,由个人在中国教育考试网(http://www.neea.edu.cn)申请办理。

第 2 部分

上机实训

第1章　计算机系统组成实训

实验1　配置个人计算机

【实训目的】

1.掌握微型计算机硬件系统的组成及其常用的外部设备。

2.了解计算机软件系统的组成。

3.了解市场行情,进一步掌握个人计算机的各种资源配置。

4.训练实际工作能力:根据客户不同需求选配计算机各配件。

【实训内容】

1.计算机硬件系统的组成。

2.计算机软件系统的组成。

3.了解市场行情,进一步掌握个人计算机的各种资源配置。

4.客户需求及功能需求分析。

5.熟练掌握计算机配置。

说明:虽然现在在市面上销售的多为品牌机,但是作为学习,我们仍然有必要了解、掌握计算机硬件系统的各个方面的主要功能及参数,这有利于我们真正掌握计算机基本知识。考虑不同学校实训条件、不同专业的要求差异等各方面因素,以按需出"配机清单"的方式进行实训。

【实训步骤】

1.复习配套教材中多媒体计算机硬件组成部分相关知识。

2.到电脑市场进行调研,多问多看,多搜集资料,进行模拟配置,为后期实际配置计算机打下基础。

3.向学生介绍、展示网络"配机"网络资源的使用(www.zol.com.cn)。

4.写"配机清单"。

【实训要求】

1.需求分析及定位。了解自己的需求,选购符合自己需求的计算机配件,并考虑将来的扩充性与价格。

2.为自己的个人计算机配置硬件与相应的软件。

硬件:中央处理器、主板、内存、存储设备、显示器、显卡、声卡、通信设备。

软件:系统软件(操作系统)、应用软件。

3.书写个人计算机配置报告单。

【实训报告】

根据自己的市场调研结果,填写表 1.1.1。

表 1.1.1 个人计算机配置报告单

姓名		学号		班级		日期	
需求分析							
硬件配置	部件	品牌	型号、规格	价格	备注		
	中央处理器						
	主板						
	内存						
	显示器						
	硬盘						
	显卡						
	光驱						
	机箱						
	电源						
	音箱						
	鼠标/键盘						
软件	系统软件						
	应用软件						
总体评价							

实验2　Windows 7/10 基本操作

【实训目的】

1.掌握鼠标的基本操作。
2.掌握窗口、菜单基本操作。
3.掌握桌面主题的设置。
4.掌握任务栏的使用、设置及任务切换功能。
5.掌握"开始"菜单的组织。
6.掌握快捷方式的创建。

【实训内容】

1.鼠标的使用。
2.桌面主题的设置。
3.改变屏幕分辨率及窗口外观显示字体。
4.桌面图标设置及排列。
5.使用库。
6.任务栏的设置。
7.Windows 7/10 窗口进行操作。
8."开始"菜单的使用。

说明:考虑到现在高校机房使用 Windows 7 操作系统的仍为多数,且从操作系统在计算机等级考试中涉及基本操作方面来看,Windows 7 和 Windows 10 基本类似,所以本实验指导书仍然主要以 Windows 7 系统为基础。

【实训步骤】

1.计算机系统信息的查看

【步骤1】在桌面任意一空白位置右击鼠标,在弹出的快捷菜单中选择"显示设置",即出现"显示设置"窗口。

【步骤2】选择最下方的"关于",则会弹出相关信息窗口,如图 1.2.1 所示。

【步骤3】如有多个显示器连接主机,则可在此处进行多显示器设置。可分别将显示器设置为 1、2 号显示器,并按照自己的使用习惯调整左右顺序,如图 1.2.2 所示。

2.鼠标的使用

【步骤1】指向:将鼠标依次指向任务栏上的每一个图标,如将鼠标指向桌面右下角,时钟图标显示计算机系统日期。

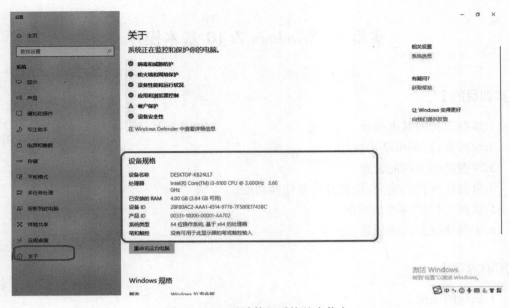

图 1.2.1　显示计算机系统基本信息

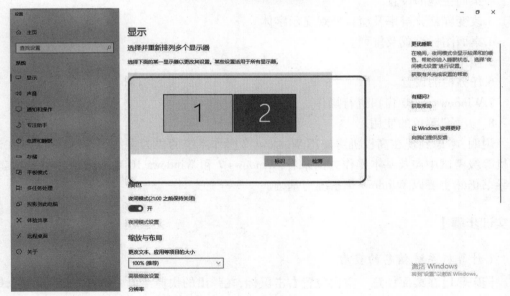

图 1.2.2　多显示器设置

【步骤2】单击：单击用于选定对象。单击任务栏上的"开始"按钮，即打开"开始"菜单；将鼠标移到桌面上的"计算机"图标处，图标颜色变浅，即说明选中了该图标，如图1.2.3所示。

【步骤3】拖动：将桌面上的"计算机"图标移动到新的位置（如不能移走，则应在桌面上空白处右击，在快捷菜单的"查看"菜单中，将"自动排列图标"前的钩去掉）。

【步骤4】双击：双击用于执行程序或打开窗口。双击桌面上的"计算机"图标，即打开

图 1.2.3 选定了的"计算机"图标

"计算机"窗口,双击某一应用程序图标,即启动某一应用程序。

【步骤5】右击:右击用于调出快捷菜单。右击桌面左下角"开始"按钮,或右击任务栏上空白处、右击桌面上空白处、右击"计算机"图标,右击某一文件夹图标或文件图标都会弹出不同的快捷菜单。

3.桌面主题的设置

在桌面任意一空白位置单击鼠标右键,在弹出的快捷菜单中选择"个性化",即出现"个性化"设置窗口。

【步骤1】设置桌面主题。选择桌面主题为"风景",观察桌面主题的变化。然后单击"保存主题",保存该主题为"我的风景",如图 1.2.4 所示。

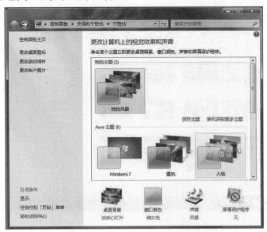

图 1.2.4 "个性化"设置窗口

【步骤2】设置窗口颜色。单击图 1.2.4 下方的"窗口颜色",打开如图 1.2.5 所示的"窗口颜色和外观"窗口,选择一种窗口的颜色,如"深红色",观察桌面窗口边框的颜色从原来的暗灰色变为了深红色,最后单击"保存修改"按钮。

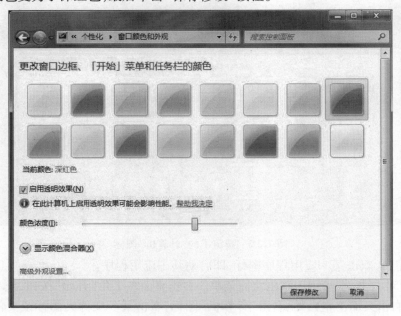

图 1.2.5　"颜色和外观"设置窗口

【步骤3】设置桌面背景。单击图 1.2.4 中的"桌面背景",设置桌面背景图为"风景",设置为幻灯片放映,时间间隔为 5 分钟,无序放映,如图 1.2.6 所示。

图 1.2.6　"桌面背景"设置窗口

【步骤4】设置屏幕保护程序。设置屏幕保护程序为"三维文字",屏幕保护等待时间为 5 分钟。

①单击图 1.2.4 中的"屏幕保护程序",即出现屏幕保护程序设置窗口,如图 1.2.7 所示,在"屏幕保护程序"下拉框中选择"三维文字",在"等待"下拉框中选择"5 分钟",然后单击"设置"按钮。

图 1.2.7 "屏幕保护程序"设置窗口

②在如图 1.2.7 所示对话框的"自定义文字"框中输入"hello",然后单击"选择字体"按钮,选择需要的字体,如图 1.2.8 所示。

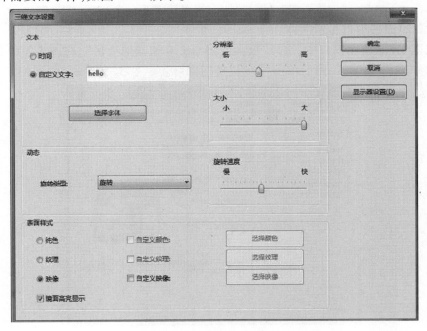

图 1.2.8 "三维字体"设置窗口

③如果要为屏幕保护设置密码,可在如图 1.2.7 所示窗口中的"在恢复时显示登录屏幕"复选框中打"√"。

4.更改屏幕分辨率及窗口外观显示字体

【步骤 1】更改屏幕分辨率。在桌面空白处单击右键,在快捷菜单中选择"屏幕分辨率",在如图 1.2.9 所示窗口中,展开"分辨率"栏中的下拉条,设置屏幕分辨率为"1920×1080",然后单击"确定"或"应用"按钮即可。

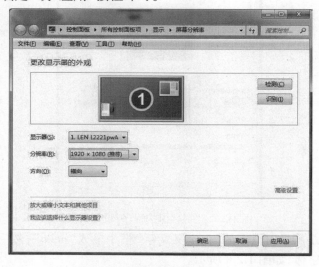

图 1.2.9 "屏幕分辨率"设置窗口

【步骤 2】设置窗口显示字体。

①在图 1.2.9 所示窗口中,选择"放大或缩小文本和其他项目",在图 1.2.10 所示的窗口中,选择"较大-150%",然后单击"应用"按钮即可。

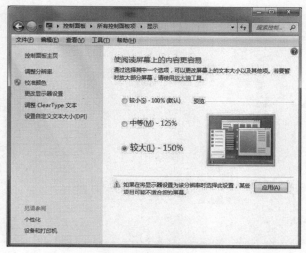

图 1.2.10 "显示"设置窗口

②该设置生效后,在桌面空白处右键单击,会发现弹出的快捷菜单字体和颜色都发生了改变;在打开资源管理器或 Word 文档时,也会发现菜单字体和颜色也发生了改变,如图 1.2.11 所示。

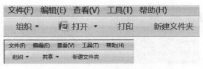

图 1.2.11　菜单窗口

5.桌面图标设置及排列

【步骤】在桌面显示控制面板图标。在"个性化"设置窗口(图 1.2.4)中选择"更改桌面图标",出现如图 1.2.12 所示对话框,选择"控制面板"选项,然后单击"确定"或"应用"按钮即可。

图 1.2.12　"桌面图标设置"窗口

"快捷菜单排序方式"窗口如图 1.2.13 所示。

"快捷菜单查看"窗口如图 1.2.14 所示。

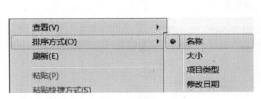

图 1.2.13　"快捷菜单排序方式"窗口

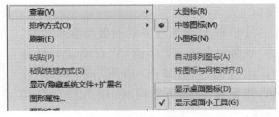

图 1.2.14　"快捷菜单查看"窗口

6.使用库

【步骤1】新建库。在"计算机"窗口的导航窗格中选择"库",单击右键,在快捷菜单中选择"新建"→"库",如图 1.2.15 所示,并重命名新建库为"users"。

【步骤2】文件夹添加到库。打开"users"快捷菜单,选择"属性",打开如图 1.2.16 所示

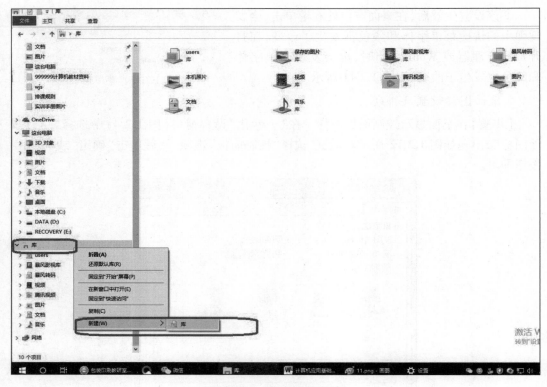

图 1.2.15 "库"快捷菜单

"属性"对话框,单击"包含文件夹"按钮,选择"C\用户"文件夹,可以将"C\用户"文件夹添加到库的 users 中,如图 1.2.17 所示。

7.任务栏的设置

在任务栏空白处单击鼠标右键,在快捷菜单中选择"属性",出现如图 1.2.18 所示窗口。

【步骤1】设置任务栏的自动隐藏功能。在"任务栏"窗口的多选项"自动隐藏任务栏"前打钩,然后单击"应用"或"确定"按钮,当鼠标离开任务栏时,任务栏会自动隐藏。

【步骤2】移动任务栏。在"任务栏"设置窗口中,设置"屏幕上的任务栏位置"为"底部",即可将任务栏移动至桌面底部。

【步骤3】改变任务栏按钮显示方式。

图 1.2.16 "users 属性"对话框

在默认情况下,"任务栏按钮"为"始终合并、隐藏标签"状态,此时任务栏图标显示为如图

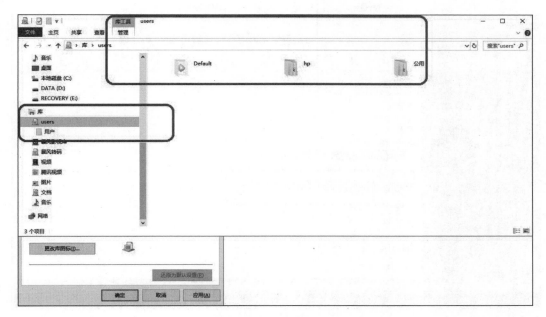

图 1.2.17 库中的 users 项

图 1.2.18 "任务栏和'开始'菜单属性"对话框

1.2.19 所示形式。改变任务栏按钮显示方式为"从不合并",此时任务栏图标显示为如图 1.2.20 所示形式。

图 1.2.19 "始终合并、隐藏标签"状态下的任务栏

【步骤 4】在通知区域显示 U 盘图标。当计算机外接了移动设备,如 U 盘,默认情况下,

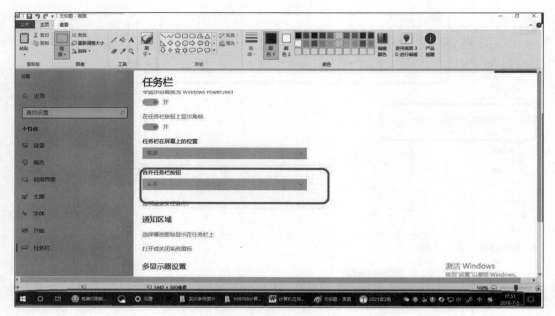

图 1.2.20 "从不合并"状态下的任务栏

U 盘的图标处于隐藏状态。单击图 1.2.21 所示的"自定义"按钮,在 1.2.22 所示窗口中设置"Windows 资源管理器"项为"显示图标和通知"状态,U 盘图标就会显示在通知区域。

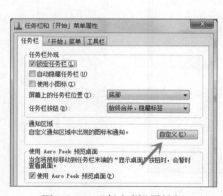

图 1.2.21 "任务栏"属性框

图 1.2.22 "通知区域图标"设置窗口

【步骤 5】在任务栏上显示"地址"工具栏。在任务栏的任意空白处单击鼠标右键,选勾快捷菜单"工具栏"→"地址"项如图 1.2.23 所示,地址栏即出现在任务栏中。

【步骤 6】将程序锁定到任务栏。运行 Word 程序,任务栏上会显示一个 Word 图标,关闭文档后任务栏上的图标将消失。右击任务栏上的 Word 图标,在快捷菜单

图 1.2.23 任务栏快捷菜单

中选择"将此程序锁定到任务栏"即可将 Word 程序锁定到任务栏,如图 1.2.24 所示。当

关闭 Word 程序后，任务栏上仍然显示 Word 图标，单击该图标就可以打开 Word 程序。

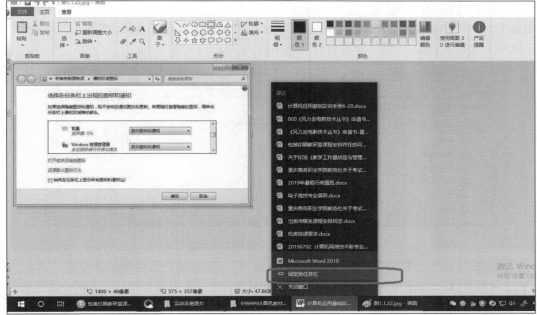

图 1.2.24　将程序"固定到任务栏"菜单

8.Windows 7 窗口操作

（1）Windows 7 窗口操作

双击桌面上"计算机"图标，打开"计算机"窗口，进行如下操作。

【步骤1】单击窗口右上角的 3 个按钮，实现最小化，最大化/还原和关闭窗口操作。

【步骤2】拖动窗口边框或窗口角，调整窗口大小。

【步骤3】鼠标压着标题栏并进行拖动、移动窗口；双击标题栏，最大化窗口或还原窗口。

【步骤4】通过 Aero Snap 功能调整窗口。窗口最大化：Win+向上箭头，窗口靠左显示；Win+向左箭头，靠右显示；Win+向右箭头，还原或窗口最小化；Win+向下箭头。

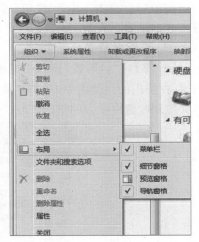

图 1.2.25　窗口"布局"菜单

【步骤5】"组织"按钮旁的向下箭头，选择"布局"，如图 1.2.25 所示，去选或勾选"菜单栏""细节窗格""预览窗格""导航窗格"，观察"计算机"窗口格局的变化。

【步骤6】使用"Alt+空格键"在屏幕左上角打开控制菜单，然后使用键盘进行窗口操作。

【步骤7】按组合键"Alt+F4"关闭窗口。

（2）使用 Windows 7 窗口的地址栏

【步骤1】在"计算机"窗口的导航窗格（左窗格）中选择"C:\用户"文件夹，在地址栏中单击"用户"右边的箭头按钮，可以打开"用户"目录下的所有文件夹，如图 1.2.26 所示，选择一个文件夹，如"公用"，即可打开"公用"文件夹。

图 1.2.26　Windows 7 窗口中的地址栏

【步骤2】在地址栏的空白处单击，箭头按钮会消失，路径会按传统的文字形式显示。

【步骤3】在地址栏的右侧还有一个向下的箭头按钮，单击该按钮，可以显示曾经访问的历史记录。

【步骤4】利用窗口左上角的"返回"和"前进"按钮可以在浏览记录中导航而无须关闭当前窗口。单击"返回"按钮，可以回到上一个浏览位置，单击"前进"按钮，则可以重新进入之前所在的位置。

（3）使用收藏夹

【步骤】在"计算机"窗口中选择"C:\用户"文件夹，在导航窗格的"收藏夹"上单击鼠标右键，在弹出的快捷菜单中选择"将当前位置添加到收藏夹"，如图 1.2.27 所示，或直接将文件夹拖到收藏夹下方的空白区域，"C:\用户"文件夹的快捷方式就会出现在收藏夹中。

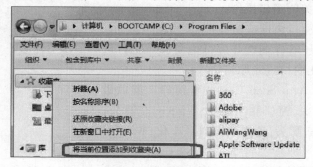

图 1.2.27　"收藏夹"快捷菜单

9.创建桌面快捷方式

在桌面上创建一个指向画图程序（mspaint.exe）的快捷方式，有 3 种方法，如下所述。

方法一：

【步骤1】右击桌面空白处，在桌面快捷菜单中选择"新建"→"快捷方式"命令，打开

"创建快捷方式"对话框。

【步骤2】在"请键入对象的位置"选项框中,键入"mspaint.exe"文件的路径"C:\Windows\system32\mspaint.exe"(或通过"浏览"选择),如图1.2.28所示,然后单击"下一步"按钮。

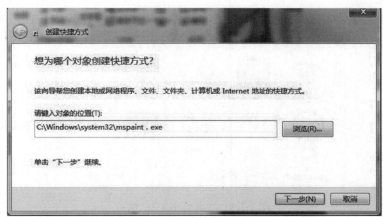

图1.2.28 "创建快捷方式"窗口

【步骤3】在"键入该快捷方式的名称"选项框中输入"画图",再单击"完成"按钮即可,如图1.2.29所示。

图1.2.29 快捷方式命名窗口

方法二:

【步骤1】在资源管理器窗口中选择文件"C:\Windows\system32\mspaint.exe",用鼠标右键拖动该文件至"桌面",在释放鼠标右键的同时弹出一个快捷菜单。

【步骤2】从中选择"在当前位置创建快捷方式"命令;用鼠标右键单击所建快捷方式图标,选择"重命名"命令,将快捷方式名称改为"画图"。

方法三:

在资源管理器窗口中选定文件"C:\Windows\system32\mspaint.exe",在右键菜单中选择"发送到",再选择子菜单中的"桌面快捷方式",就可以将该项添加到桌面。

10."开始"菜单的使用

【步骤1】程序列表的使用。打开"开始"菜单的"所有程序"列表,找到"桌面小工具",单击运行一次。再次打开"开始"菜单,"桌面小工具"已经出现在程序列表中,如图1.2.30 所示。

图1.2.30 "桌面小工具"窗口

①锁定程序项。在程序列表中选择"桌面小工具库",单击右键,在快捷菜单中选择"附到「开始」菜单"选项,即可将"桌面小工具库"程序项锁定到上端固定程序列表项中,如图1.2.31 所示。

②解锁程序项。在锁定的"桌面小工具库"程序列表项的快捷菜单中选择"从「开始」菜单解锁",即可解锁该程序项,并返回程序列表下端显示。

【步骤2】跳转列表的使用。用记事本程序创建 3 个文本文件,分别命名为 t1.txt、t2.txt、t3.txt,打开"开始"菜单,"记事本"程序显示在"开始"菜单的程序列表中,如图1.2.32所示,将鼠标定位在菜单项"记事本"右边的黑色箭头上,即出现跳转列表。

图 1.2.31 "开始"菜单中的程序项

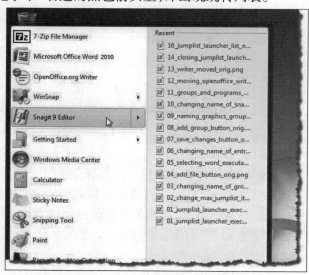

图 1.2.32 开始菜单中的跳转列表

①通过跳转列表打开文档,选择跳转列表中 t3.txt 项,即可打开 t3.txt 文档。

②将程序锁定到跳转列表,在跳转列表中将鼠标停留在 t3.txt 项上,如图 1.2.32 所示,其右侧会出现一个锁定图标,单击该图标,即可将项目锁定到跳转列表。或者,从右键快捷菜单中选择"锁定到此列表",也可以实现此操作。

③将程序从跳转列表解锁,如图 1.2.33 所示,跳转列表中锁定了 t3.txt,将光标停留在 t3.txt 项上,单击该项右边的解锁图标,或在快捷菜单中选择"从此列表解锁",t3.txt 项即回到"最近"列表中。

【步骤 3】利用"搜索"框搜索。在"开始"菜单下方搜索框中键入"记事本",然后回车,搜索结果显示在搜索框上方,其中包含记事本程序和其他包含"记事本"的文档,选中"记事本"程序并按回车键,即可打开记事本程序。

图 1.2.33　锁定了 t3.txt 后的跳转列表

实验3　Windows 7/10 文件及文件夹管理

【实训目的】

1.了解资源管理器的功能及组成。

2.掌握文件及文件夹的概念。

3.掌握文件及文件夹的使用,包括创建、移动、复制、删除等。

4.掌握文件夹属性的设置及查看方式。

5.掌握运行程序的方法。

【实训内容】

1.资源管理器的使用。

2.创建文件夹。

3.复制、剪切、移动文件。

4.文件及文件夹的删除与恢复。

5.文件夹或文件的更名。

6.查看并设置文件和文件夹的属性。

7.控制窗口内显示/不显示隐藏文件(夹)。

8.设置文件及文件夹的显示方式及排列方式。

9.文件和文件夹的搜索。

【实训步骤】

1.打开资源管理器

【步骤1】右击桌面左下角"开始"按钮,在出现的快捷菜单中选择"Windows 资源管理器",或直接打开"我的电脑",同样会弹出资源管理器窗口,然后对需要的资源进行相关管理操作,如图 1.3.1 所示。

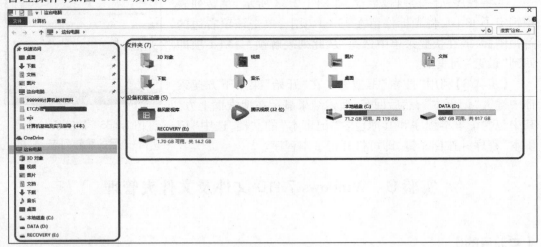

图 1.3.1　右键单击"开始菜单"

【步骤2】Windows 7 和 Windows 10 在 Windows 资源管理器界面功能设计上比之前的 Windows 版本更加人性化,页面功能布局也较多,设有菜单栏、细节窗格、预览窗格、导航窗格等;内容也更丰富,如收藏夹、库、家庭组等。

当然,如果用户在使用中觉得其默认的"布局"过于复杂,也可以通过设置变回简单界面。操作时,单击页面中"组织"按钮旁的向下的箭头,在显示的目录中选择"布局",然后再选择用户需要的窗格,例如细节窗格、预览窗格、导航窗格等,如图 1.3.2 所示。

【步骤3】查看文件夹。Windows 7/10 资源管理器在管理方面的设计更便于用户使用,特别体现在查看和切换文件夹时。在查看文件夹时,上方会根据目录级别依次显示,中间还有向右的小箭头。

当用户单击其中某个小箭头时,该箭头会变为向下,即可显示该目录下所有文件夹名称。单击其中任一文件夹,即可快速切换至该文件夹访问页面,非常方便用户快速切换目录。

此外,当用户单击文件夹地址栏处,即可显示该文件夹所在的本地目录地址,如图 1.3.3所示。

【步骤4】查看最近访问的位置。在 Windows 7 资源管理器收藏夹栏中,增加了"最近访问的位置"选项,可方便用户快速查看最近访问的位置目录,这类似于菜单栏中的"最近使用的项目",不过"最近访问的位置"只显示位置和目录。

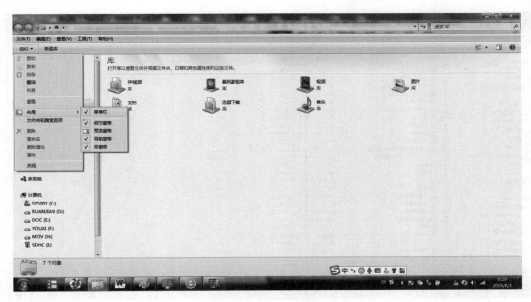

图 1.3.2 "布局"窗口

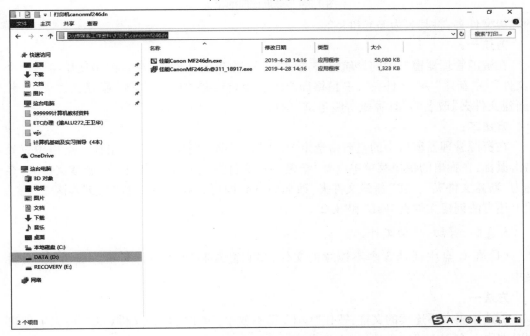

图 1.3.3 查看文件夹

在查看最近访问的位置时,可以查看访问位置的名称、修改日期、文件类型及文件大小等,如图 1.3.4 所示。

2.创建文件夹

在 C 盘上创建一个名为"计算机等级考试"的文件夹,并在该文件夹下创建两个并列

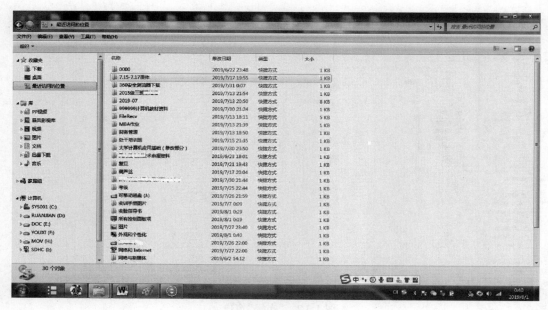

图 1.3.4　最近访问的位置

的二级文件夹,将其名为 ks1 和 ks2。

方法一:

在资源管理器窗口中的导航窗格选定"C:\"为当前文件夹,在右窗格使用菜单命令"文件"→"新建"→"文件夹",右窗格即出现一个新建文件夹,名称为"新建文件夹"。将"新建文件夹"改名为"计算机等级考试"即可。

方法二:

在资源管理器窗口中的左窗格选定"C:\"为当前文件夹,在右窗格任一空白位置处右击鼠标,在弹出的快捷菜单中选择"新建"→"文件夹",右窗格出现一个新建文件夹,名称为"新建文件夹"。将"新建文件夹"改名为"ks"即可。双击 ks 文件夹,进入该文件夹,用上述方法创建文件夹"ks1"和"ks2"。

3.复制、剪切、移动文件

(1)在 C 盘中任选 3 个不连续的文件,将它们复制到"C:\计算机等级考试"文件夹中。

方法一:

①选中多个不连续的文件:按住"Ctrl"键不放手,单击需要的文件(或文件夹),即可同时选中多个不连续的文件(或文件夹)。

②复制文件:选中"编辑"→"复制"菜单,或者右击鼠标,在快捷菜单中选"复制",或者按组合键"Ctrl+C"。

③粘贴文件:双击"计算机等级考试"文件夹,进入 XS 文件夹,选择"编辑"→"粘贴"菜单命令,或者右击鼠标,在快捷菜单中选"粘贴",或者按组合键"Ctrl+V",即可将复制的文件粘贴到当前文件夹中。

方法二：

①选中 3 个不连续文件：按住"Ctrl"键不放手，单击需要的文件（或文件夹），即可同时选中多个不连续的文件。

②拖曳选中的文件到左窗格目标文件夹。

注意：由于源文件和目标文件在同一磁盘，如果不按住 Ctrl 键拖曳文件，将是移动文件而不是复制文件。

（2）在 C 盘中任选 3 个连续的文件，将它们复制到"C：\计算机等级考试\XS1"文件夹中。

①选中多个连续的文件：按住"Shift"键不放手，单击需复制的第一个文件及最后一个文件，即可同时选中这两个文件之间的所有文件。

②复制文件：选中"编辑"→"复制"菜单，或者右击鼠标，在弹出的快捷菜单中选择"复制"选项，或者按组合键"Ctrl+C"。

③粘贴文件：双击"计算机等级考试"文件夹，进入之后再用鼠标左键双击"XS1"文件夹，进入"XS1"文件夹，再选择"编辑"→"粘贴"菜单命令，或者右击鼠标，在快捷菜单中选择"粘贴"命令，或者按组合键"Ctrl+V"，即可将复制的文件粘贴到当前文件夹中。

（3）在 C 盘中任意新建 3 个文件："1.txt""2.docx""3.xlsx"，并将它们移动到"C：\计算机等级考试\XS1"文件夹中。

方法一：

①选择要移动的 3 个文件：1.txt、2.docx、3.xlsx。

②选择"编辑"→"剪切"菜单命名（或者右键单击后，在弹出的快捷菜单中选择"剪切"命令，也可以按组合键"Ctrl+X"）。

③定位到目标位置"C：\计算机等级考试\XS1"。选择"编辑"→"粘贴"菜单命令或者按下"Ctrl+V"组合键即可。

方法二：

①选择要移动的文件：1.txt、2.docx、3.xlsx。

②按住鼠标右键并移动到目标位置"C：\计算机等级考试\XS1"。

③释放鼠标，在弹出的快捷菜单中选择"移到当前位置"命令。

方法三：

①在"资源管理器"或者"计算机"中选择要移动的文件：1.txt、2.docx、3.xlsx。

②再按住"Shift"键将要移动的文件拖动到目标位置。

注意：此方法使用的是移动文件和移动位置不在同一个磁盘中；如果是在同一磁盘上可以直接拖动来移动文件和文件夹。

4.文件及文件夹的删除与恢复

【步骤1】删除文件至"回收站"。

①打开文件夹"C：\ 计算机等级考试"，单击鼠标右键，选中文件"LX1.txt"。

②按住"Delete"键或选择菜单命令"文件"→"删除"或在右键快捷菜单中选择"删除"命令，即显示确认删除信息框，选择"是"，确认删除。

【步骤2】删除文件夹"C：\ 计算机等级考试\XS2 "步骤方法同上,但对象文件夹在左、右窗格都可选择。

【步骤3】从"回收站"恢复被删除的文件夹及文件。

①双击桌面上的"回收站"图标打开回收站,选中文件夹"C：\ 计算机等级考试\XS2"。

②选择菜单命令"文件"→"还原",或单击右键,在弹出的菜单中选择"还原"命令,即可恢复被删除的文件夹;同理,也可恢复被删除的文件"LX1.txt"。

【步骤4】永久删除一个文件夹或文件。

①选中待删除的文件(夹),按"Shift+Delete"组合键。

②在确认删除框中选择"是",即可彻底删除该文件(夹)。

5.文件的改名

(1)改主文件名

打开"C：\计算机等级考试"文件夹,在任意空白处单击鼠标右键,在弹出的快捷菜单中选择"新建"→"文本文档",即出现一个新文件,名为"新建文本文档",而且文件名处于编辑状态,输入新文件名"LX1",按回车键确认即可(文件的全名为"LX1.txt")。单击鼠标选中文件"LX1.txt",在文件名处再单击,文件名进入编辑状态,此时可再次修改文件名。

注意:Windows 7 操作系统有时默认在文件名处只显示文件名,如果在文件名和扩展名都显示的情况下,此处的修改文件名是指修改名称处圆点左边的部分。

(2)修改扩展名

【步骤1】打开桌面"计算机"窗口,在窗口的左上角有 1 个"组织"按钮,如图 1.3.5 所示。

【步骤2】单击后即弹出一个对话框,单击"文件夹选项",如图 1.3.6 所示。

图 1.3.5 "组织"窗口

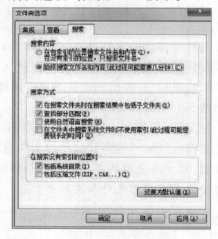

图 1.3.6 "文件夹选项"界面

【步骤3】切换到"查看"选项卡,拉动滚动条到下面会看到 1 个"隐藏已知文件类型的扩展名"选项,把前面的钩打上即可,如图 1.3.7 所示。

注意：此处的修改文件名是指修改名称处圆点右边的部分。

6.查看并设置文件和文件夹的属性

选定文件夹 ks2，在右键菜单中选择"属性"，即出现"属性"对话框，在"常规"窗口可以看到文件类型、位置、大小、占用空间、包含的文件数及文件夹等信息，如图 1.3.8 所示。选中窗口中的"只读"选项，XS2 文件夹成为只读文件；选中"隐藏"项，ks2 成为隐藏文件夹。

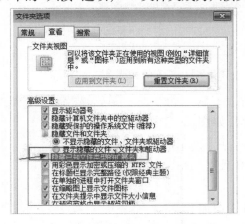

图 1.3.7　文件夹选项查看选项卡　　　　图 1.3.8　文件属性窗口

7.控制窗口内显示/不显示隐藏文件（夹）

隐藏的文件显示出来有时会影响美观，图 1.3.9 即是系统默认为隐藏的文件，因为设置为可见，所以就显示出来了。

图 1.3.9　隐藏文件

【步骤1】在桌面上双击"计算机"图标后打开,如图 1.3.10 所示。

【步骤2】在打开的页眉上单击"工具"选项,然后在弹出的菜单中单击"文件夹选项",如图 1.3.11 所示。

图 1.3.10　桌面上的计算机图标

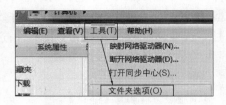

图 1.3.11　"文件夹选项"

【步骤3】在弹出的窗口单击"查看"选项,在"不显示隐藏的文件夹、文件夹或驱动器"前面打钩,如图 1.3.12所示。

8.设置文件及文件夹的显示方式及排列方式

【步骤1】改变文件夹及文件的显示方式。

在资源管理器中打开"查看"菜单,如图1.3.13所示,或在资源管理器右边窗口的空白处单击鼠标右键,选择"查看"菜单,分别选择"大图标""中等图标""小图标""列表""详细信息""平铺""内容"菜单项,可以改变文件夹及文件的排列方式。

图 1.3.12　隐藏文件和文件夹

【步骤2】改变文件夹及文件的图标排列方式。

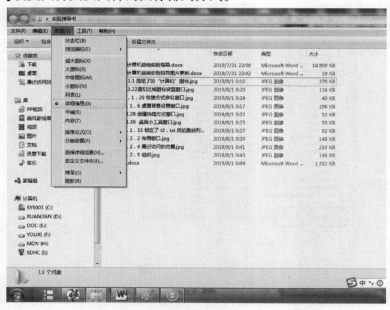

图 1.3.13　文件夹按"详细信息"方式显示

选择菜单项"查看"→"排序方式",或鼠标右击桌面空白处,即弹出文件夹选项快捷菜单,在快捷菜单中选择"排序方式",出现如图1.3.14所示菜单,选择"名称"或"大小""类型"等选项,图标的排列顺序便随之改变。

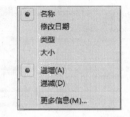

图1.3.14 文件夹选项窗口

9.文件和文件夹的搜索

【步骤1】设置搜索方式。在资源管理器窗口中打开"组织"下拉列表菜单,选择"文件夹选项",出现如图1.3.15所示对话框,在"搜索内容"部分选择"始终搜索文件名和内容",在"搜索方式"部分选勾"在搜索文件夹时在搜索结果中包括子文件夹"和"查找部分匹配",计算机将可根据文件名或文件内容进行文件搜索。

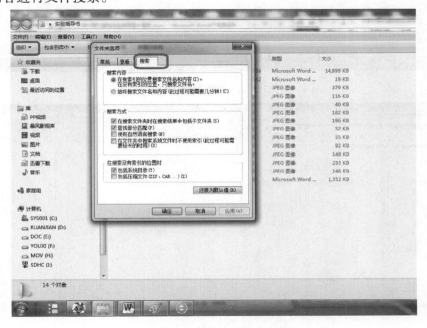

图1.3.15 文件夹选项搜索选项卡

【步骤2】在"计算机"或者"资源管理器"窗口的右上角有一个搜索框,如图1.3.16所示。

【步骤3】在窗口左侧选择搜索位置(例如C盘),再回到窗口右上角的搜索框中输入需要搜索内容,如图1.3.16所示。

相对于传统搜索方式来说,Windows 7系统中的索引式搜索仅对被加入索引选项中的文件进行搜索,大大缩小了搜索范围,加快了搜索速度。

【步骤1】在搜索框中输入pdf,如图1.3.17所示。

【步骤2】在Windows 7资源管理器窗口中进行搜索操作时,系统会提示用户"添加到索引"。单击"添加到索引"选项后,会提示用户确认对此位置进行索引,如图1.3.18所示。

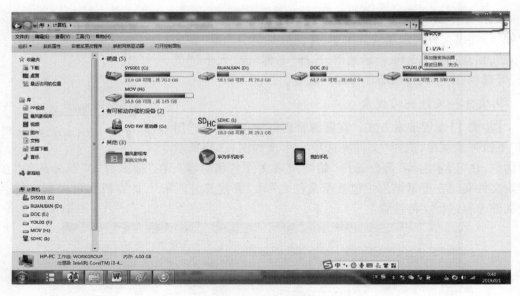

图 1.3.16　"搜索框"界面

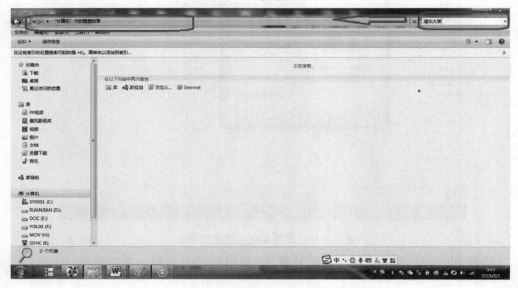

图 1.3.17　在搜索框中输入需要搜索内容

【步骤 3】在一般情况下,用户无须手动设置索引选项,Windows 7 系统会自动根据用户习惯管理"索引选项",并且为用户使用频繁的文件和文件夹建立索引。用户也可以单击"修改索引位置"打开"索引选项"对话框,手动将一些文件夹添加到索引选项中,如图 1.3.19 所示。

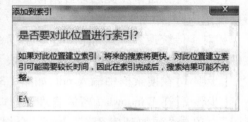

图 1.3.18　"添加到索引"界面

【步骤4】在搜索内容时,还可进一步缩小搜索的范围,并针对搜索内容添加搜索筛选器,如选择种类、修改日期、类型、大小、名称、文件夹路径等,并可以进行多个组合,以提升搜索的效率和速度,如图1.3.20所示。

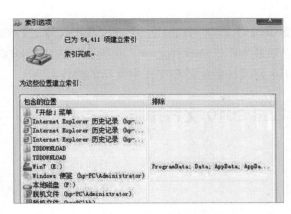

图1.3.19　"索引选项"对话框　　　　　图1.3.20　搜索筛选器

注意:在搜索时可使用通配符来表示文件,其中"＊"号可以表示零个或者多个任意字符;"?"表示任意一个字符。

第 2 章　MS Office 2010 之 Word 实战训练

Microsoft Word 2010 是 MS Office 2010 办公软件的组件之一,是专用的文字处理软件,也是人们日常办公中使用频率较高,应用最为广泛的软件之一。本章是在熟悉 Word 2010 基本操作的基础上,学习利用 Word 2010 完成日常生活和工作中常用的操作。

实验 1　Word 2010 文档排版

【实训目的】

1.熟悉 Word 2010 的操作命令。

2.掌握 Word 2010 基本窗口、菜单和对话框的操作。

【实训内容】

(备注:文档素材由教师提供或参考计算机 Office 部分真题)

某高校为了使学生更好地进行职场定位和职业准备,提高就业能力,该校学工处于 2019 年 4 月 29 日(星期一)19:30—21:30 在校国际会议中心举办题为"大学生人生规划"就业讲座,特别邀请××企业人力资源总监 W 先生作为主讲嘉宾。

请根据上述活动的描述,利用 Microsoft Word 在提供的"Word.docx"文档基础上编辑排版制作一份宣传海报,具体操作要求如下:

①调整文档版面,要求页面高度 35 厘米,页面宽度 27 厘米,页边距(上、下)为 5 厘米,页边距(左、右)为 3 厘米,并将图片"Word-海报背景图片.jpg"设置为海报背景。

②设置第一行字体格式,字体:微软雅黑,字号:初号、红色标准色、加粗,居中。第二至六行字格式设置为黑体、蓝色字体颜色、一号字号、左对齐。第七行字格式设置为华文行楷字体、白色字体颜色、居中对齐。第八行设置为黑体、白色字体颜色、一号字号、右对齐。

③设置海报内容中"报告题目""报告人""报告日期""报告时间""报告地点"信息的段落间距为多倍行距,设置值为"4"。"欢迎大家踊跃参加"的间距段前段后设置为 1 行。

④在"主办:××校就业处"位置后另起一页,并设置第 2 页的页面纸张大小为"A4",纸张方向设置为"横向",页边距为"普通"页边距定义。

⑤在新页面的"日程安排"段落下面,复制本次活动的日程安排表(请参考"Word-活动日程安排.xlsx"文件),要求表格内容引用 Excel 文件中的内容,如 Excel 文件中的内容发生变化,Word 文档中的日程安排信息随之发生变化。

⑥在新页面的"报名流程"段落下面,利用 SmartArt 制作本次活动的报名流程(学工处报名、确认座席、领取资料、领取门票)。

⑦设置"报告人介绍"段落下面的文字,版式设置为"首字下沉"3 行。

⑧保存文档。

【实训步骤】

【步骤 1】

①单击"页面布局"选项卡中"页面设置"对话框,在"页边距"中设置页边距(上、下)为 5 厘米,页边距(左、右)为 3 厘米,如图 2.1.1 所示。在"纸张"选项中修改页面高度为 35 厘米,页面宽度为 27 厘米,如图 2.1.2 所示,单击"确定"按钮。

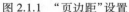

图 2.1.1 "页边距"设置　　　　图 2.1.2 "纸张"设置

②单击"页面布局"选项卡"页面背景"组中"页面颜色"的"填充效果"命令,在"填充效果"对话框中选择"图片"选项,如图 2.1.3 所示。单击"选择图片",找到图片所处的文件位置,单击"插入",得到如图 2.1.4 所示的图片填充效果,再单击"确定"按钮,完成海报背景的设置。

【步骤 2】选中文档中相应的文字,单击"开始"选项卡"字体"组中的命令设置字体,单击"段落"组中的对齐命令设置对齐方式。

【步骤 3】

①选中"报告题目""报告人""报告日期""报告时间""报告地点"5 行文字,打开"段落"设置对话框,在"行距"选中"多倍行距","设置值"为"4",如图 2.1.5 所示。

②选中文字"欢迎大家踊跃参加",打开"段落"设置对话框,在"间距"中填写"段前""段后"各 1 行,如图 2.1.6 所示。

【步骤 4】

①将光标置于"主办:校学工处"后,单击"页面布局"选项卡中"分隔符"的"下一

页",如图 2.1.7 所示。这样做的目的是使第 1 页和第 2 页具有不同的纸张设置。

②双击第 2 页纸张的页眉处,打开"页眉"设置,在"页眉和页脚工具"选项卡的"导航"组中取消"链接到前一条页眉",如图2.1.8所示。单击  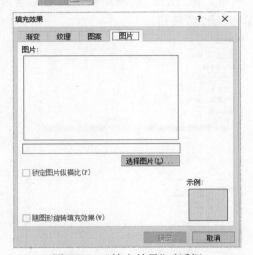 或鼠标双击纸张的其他地方,完成取消"链接到前一条页眉"。

③将光标置于第 2 页正文任意位置,单击"页面布局"选项卡"页面设置"中的"纸张方向" ,选择横向,"页边距"选项选择为"普通","纸张大小"选择为"A4"。

图 2.1.3　"填充效果"对话框

图 2.1.4　"图片"填充效果

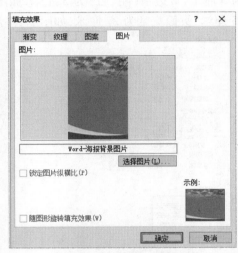

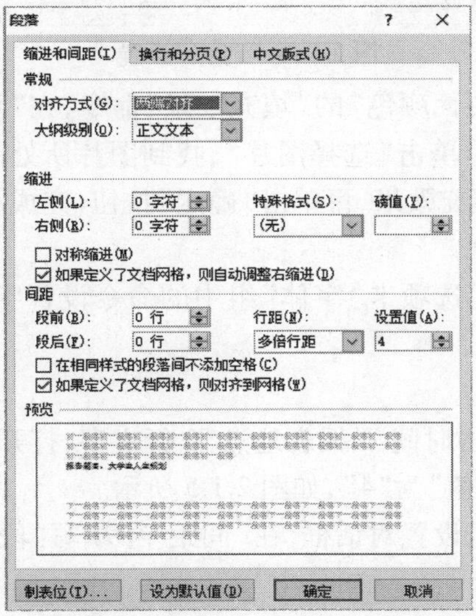

图 2.1.5　"段落"对话框的行距设置

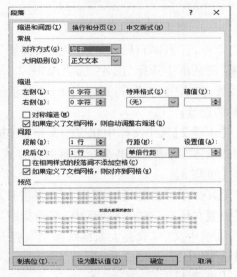

图 2.1.6　"段落"对话框的段前段后设置

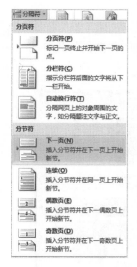

图 2.1.7　"分隔符"设置　　　　图 2.1.8　取消"链接到前一条页眉"

【步骤5】

①将光标置于"日程安排"文字下方,单击"插入"选项卡"文本"组中的"对象",选择其中的"对象"操作，单击"由文件创建",如图 2.1.9 所示。

②单击"浏览"按钮,在"文件名"处找到需要插入的文件"Word-活动日程安排.xlsx",同时勾选"链接到文件"☑链接到文件(K),单击"确定"按钮,完成引用 Excel 文件中的内容的操作。

若 Excel 文件中的内容出现改动,在 Word 文档表格处单击鼠标右键,选择"更新链接",如图 2.1.10 所示,Word 文档中的日程安排信息随之发生变化。

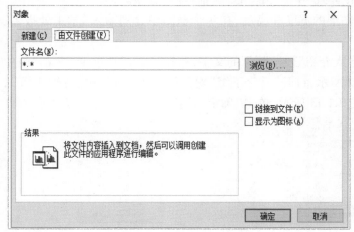

图 2.1.9　"对象"设置对话框　　　　图 2.1.10　"更新链接"选项卡

【步骤6】

①将光标置于"报名流程"下方,单击"插入"选项卡"插图"组中的 ,打开"选择
SmartArt 图形"对话框,如图 2.1.11 所示。

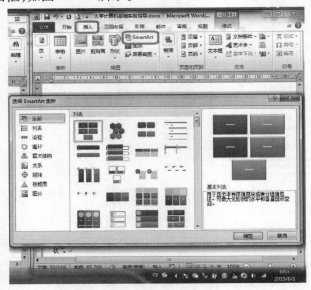

图 2.1.11 "选择 SmartArt 图形"对话框

②选择流程列表中的第一个流程图形,在文档中添加了 3 个框图,因本流程有 4 项,
故需要再添加一个框图。在添加好的任意一个框图上单击鼠标右键,在弹出的快捷菜单
中选择"添加形状"中的"在后面添加形状"或"在前面添加形状"选项。

③为了美化 SmartArt 图形,单击"SmartArt 工具"选项卡中的"设计",选择"彩色"的
第一种颜色,同时选择"SmartArt 样式"中"三维"的"优雅"样式选项。

④根据需要调整 SmartArt 图形的宽度和高度,在 4 个框图中分别输入"学工处报名、
确认座席、领取资料、领取门票"。

【步骤7】将光标置于"报告人介绍"段落下面的文字,选择"插入"选项卡"文本"组中
的"首字下沉"选项,如图 2.1.12 所示,打开"首字下沉"对话框,在"位置"中选择"下沉",
在"下沉行数"中填写"3",如图 2.1.13 所示,单击"确定"按钮。

图 2.1.12 "首字下沉"选项设置　　　　图 2.1.13 "首字下沉"设置对话框

【步骤8】单击文档保存命令 或按快捷键"Ctrl+S"。

实验2　Word 文档排版提高篇

【实训目的】

1.熟悉设置页眉和页脚的方法。
2.学会绘制流程图。
3.理解文字与表格如何相互转换。
4.掌握邮件合并的应用。

【实训内容】

北京明华中学学生发展中心的小刘老师负责向校本部及相关分校的学生家长传达有关学生儿童医保扣款方式更新的通知。该通知需要下发至每位学生,并请家长填写回执。按下列要求帮助小刘老师排版家长信及回执。打开素材 Word.docx,具体操作均在此文档上完成,操作要求如下:

①进行页面设置:纸张方向"横向"、纸张大小"A3"(宽 42 厘米×高 29.7 厘米),上、下边距均为 2.5 厘米、左、右边距均为 2.0 厘米,页眉、页脚分别距边界 1.2 厘米。要求每张 A3 纸上从左到右按顺序打印两页内容。

②左、右两页均于页面底部中间位置显示格式为"-1-""-2-"类型的页码,页码自"1"开始。

③插入"空白(三栏)"型页眉,在左侧的内容控件中输入学校名称"北京明华中学",删除中间的内容控件,在右侧插入考生文件夹下的图片 Logo.jpg 代替原来的内容控件,适当缩小图片,使其与学校名称高度匹配。将页眉下方的分隔线设为标准红色、2.25 磅、上宽下细的双线型。

④按下列要求为指定段落应用相应格式,见表 2.1.1。

表 2.1.1

段　落	样式或格式
文章标题"致学生儿童家长的一封信"	标题
"一、二、三、四、五、"所示标题段落	标题 1
"附件 1、附件 2、附件 3、附件 4"所示标题段落	标题 2
除上述标题行及蓝色的信件抬头段外,其他正文格式	仿宋、小四号,首行缩进 2 字符,段前间距 0.5 行,行间距 1.25 倍
信件的落款(三行)	居右显示

⑤利用"附件1：学校、托幼机构'一小'缴费经办流程图"下面用灰色底纹标出的文字、参考样例图绘制相关的流程图。要求：除右侧的两个图形之外，其他各个图形之间使用连接线，连接线将会随图形的移动而自动伸缩，中间的图形应沿垂直方向左右居中。

⑥将"附件3：学生儿童'一小'银行缴费常见问题"下的绿色文本转换为表格，将表格套用"浅色网格-强调文字颜色4"样式。合并表格同类项，删除重复的文字，然后将表格整体水平垂直居中。

⑦在信件抬头的"尊敬的"和"学生儿童家长"之间插入学生姓名；在"附件4：关于办理学生医保缴费银行卡通知的回执"下方的"学校："""年级和班级："（显示为"初三一班"格式）、"学号："""学生姓名："后分别插入相关信息，学校、年级、班级、学号、学生姓名等信息存放在考生文件夹下的Excel文档"学生档案.xlsx"中。在下方将制作好的回执复制一份，将其中"（此联家长留存）"改为"（此联学校留存）"，在两份回执之间绘制一条剪裁线，并保证两份回执在同一页上。

⑧仅为其中所有学校初三年级的每位在校状态为"在读"的女学生生成家长通知，通知包含家长信的主体、所有附件、回执。要求每封信中只能包含1位学生信息。将所有通知页面另外以文件名"正式通知.docx"保存在考生文件夹下（如果有必要，应删除文档中的空白页面）。

【实训步骤】

【步骤1】打开"页眉设置"对话框，在"页边距"选项卡中设置"页边距"和"纸张方向"，如图2.2.1（a）所示。在"纸张"选项卡中选择"纸张大小"为"A3"，如图2.2.1（b）所示。在"版式"选项卡中设置页眉、页脚分别距边界1.2厘米，如图2.2.1（c）所示。在"页

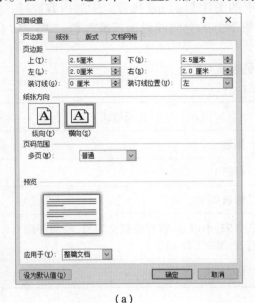

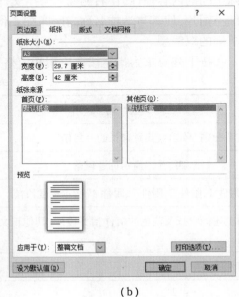

（a）　　　　　　　　　　　　　　　　（b）

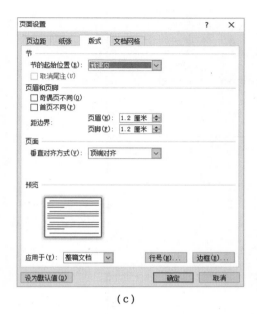

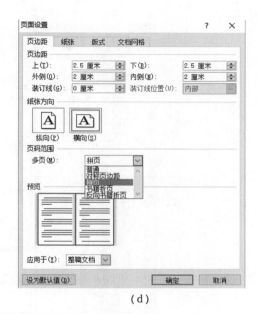

(c)　　　　　　　　　　　　　　　(d)

图 2.2.1　"页面设置"对话框

边距"选项卡中的"页码范围"中选择"拼页",如图 2.2.1(d)所示,可实现每张 A3 纸上从左到右按顺序打印两页内容。

【步骤 2】

①单击"插入"选项卡"页眉和页脚"组中的"页码"选项,选择"设置页码格式",打开"页码格式"对话框,在"编号格式"中选择"-1-、-2-"类型的页码,"页码编号"选择"起始页码-1-",如图 2.2.2 所示,单击"确定"按钮。

②双击页面底端,打开"页眉和页脚"设置,在"页眉和页脚工具""设计"选项卡的"页眉和页脚"组中选择"页码底端"的"页码"选项,题目要求页码位于中间位置,因此选择"普通数字 2",如图 2.2.3 所

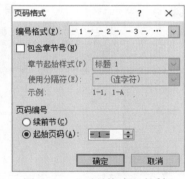

图 2.2.2　"页码格式"对话框

示,然后单击 或双击页面其他非页眉和页脚位置,完成页码的添加。

【步骤 3】

①单击"插入"选项卡"页眉和页脚"组中的"页眉",选择"空白(三栏)"型页眉,如图 2.2.4 所示。也可双击页面顶端,打开"页眉和页脚工具"设计命令,选择需要的页眉。

②将光标置于左侧的内容控件中,输入学校名称"北京明华中学"。选中中间的内容控件,按"Delete"键删除该控件。将光标置于右侧的内容控件中,单击"插入"选项卡"插

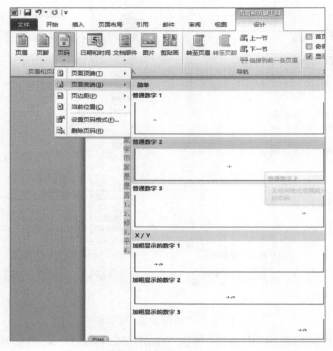

图 2.2.3　选择"页码"位置

图 2.2.4　选择"页眉"类型

图"组中的"图片",插入 Logo.jpg 图片,鼠标与图片 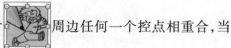 周边任何一个控点相重合,当

鼠标指针变成双向箭头时,可以调整图片的大小,使其与学校名称高度匹配。单击

或双击页面其他非页眉和页脚位置,完成页眉的添加。

③单击"开始"选项卡"样式"组中的显示"样式"窗口,选择"页眉"中的"修改"选项,
如图 2.2.5 所示,打开如图 2.2.6 所示的"修改样式"对话框。

图 2.2.5　显示"样式"窗口

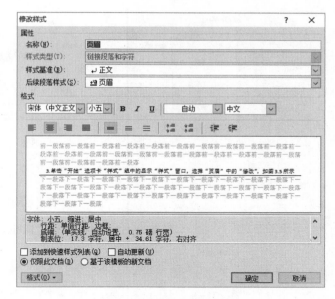

图 2.2.6　"修改样式"对话框

单击"修改样式"对话框左下角的"格式",选择其中的"边框",如图 2.2.7 所示,打开如图 2.2.8 所示的"边框和底纹"对话框,在"样式"中选择上宽下细的双线型,在"颜色"中选择标准红色,在"宽度"中选择 2.25 磅,在"预览"中单击▦,得到如图 2.2.9 所示的预览效果,单击"确定"按钮,最后单击"修改样式"对话框的"确定"按钮,即完成对"页眉"样式的修改。

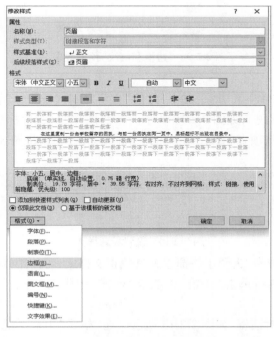

图 2.2.7　"页眉"边框格式

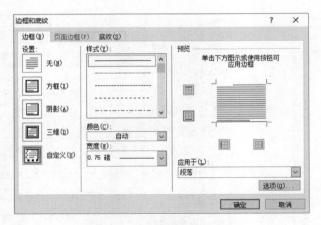

图 2.2.8 "边框和底纹"对话框

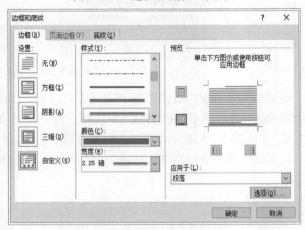

图 2.2.9 "边框和底纹"预览效果

【步骤4】

①将光标置于"致学生儿童家长的一封信"文字之间或选中该行文字,单击"开始"选项卡"样式"组中的"标题",如图 2.2.10 所示。按照同样的方法"标题1"和"标题2"段落的设置。勾选"视图"选项卡"显示"组中的"导航"窗格,即可浏览文档中所设置的标题,如图 2.2.11 所示。

图 2.2.10 设置标题样式

②由于文档内容较多,为便于快捷设置其他正文格式,可使用修改正文样式的方法完成正文样式的设置。右键单击"开始"选项卡"样式"组中的"正文"样式,选择"修改"命令,如图 2.2.12 所示。

打开"修改样式"对话框,如图 2.2.13 所示。在"格式"中选择仿宋字体、字号为小四,

图 2.2.11　"导航"窗格

图 2.2.12　"样式"菜单

单击"修改样式"对话框左下角"格式"中的"段落",在"段落"对话框中设置段前间距 0.5 行,行间距 1.25 倍,单击"确定"按钮,设置后的"修改样式"对话框如图 2.2.14 所示。

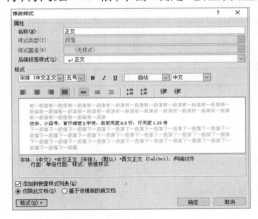

图 2.2.13　设置前的"修改样式"对话框

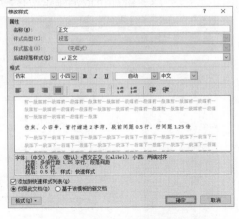

图 2.2.14　设置后的"修改样式"对话框

③选中信件的三行落款,单击"段落"的"右对齐"。

【步骤5】由于本案例的流程图框图较多,根据题目的具体要求可借助于 PowerPoint 完成本案例的绘制。

①新建一个 PowerPoint 演示文稿,选择"空白"版式。

②因绘制的流程图篇幅较大,因此需要修改幻灯片的纸张大小。单击"设计"选项卡"页面设置"中的"页面设置",打开"页面设置"对话框,选择"幻灯片大小"为"A4 纸张","幻灯片方向"为"纵向",如图 2.2.15 所示,单击"确定"按钮。

根据个人的绘制习惯,调整幻灯片为合适的显示比例,例如调整显示比例为 100%。

单击"视图"选项卡"显示比例"组中的"显示比例" ,打开"显示比例"对话框,

选择 100%,如图 2.2.16 所示,单击"确定"按钮。

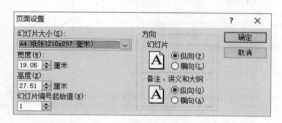

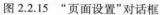

图 2.2.15 "页面设置"对话框   图 2.2.16 "显示比例"对话框

③利用"插入"选项卡"插图"组中的"形状"可完成流程图的绘制。右键单击"流程图"中"准备"流程图,选择"锁定绘图模式",如图 2.2.17 所示,在幻灯片上绘制出第一个流程图框图。按下"Esc"键即可取消锁定绘图模式。使用同样的方法绘制其他流程图框图。

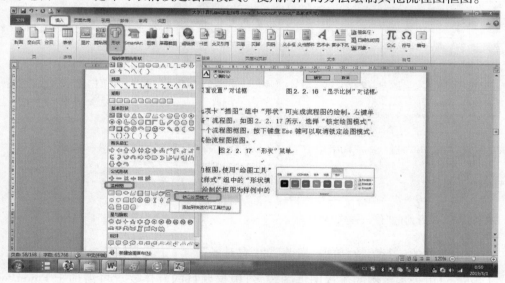

图 2.2.17 "形状"菜单

④选中所有绘制的框图,使用"绘图工具"下的"格式"选项卡"形状样式"组中的"形状填充""形状轮廓"修改绘制的框图为样例中的样式。

⑤为了使添加的文字在框图中自动换行和自动调整大小,可使用框图的"快捷菜单"来完成。具体步骤如下所述。

选中所有绘制的框图,右键单击框图,打开框图的"快捷菜单",如图 2.2.18 所示。单击"大小和位置"选项,打开"设置形状格式"对话框,单击"文本框"选项,在"自动调整"中选择 ⊙ 溢出时缩排文字(S),如图 2.2.19 所示,单击"关闭"按钮。也可以根据个人需要调整"内部边距"数据和其他的设置。

图 2.2.18　"框图"快捷菜单　　　　图 2.2.19　"设置形状格式"对话框

⑥根据样例将文档中的文字复制粘贴到流程图框图中,设置字体颜色为黑色。

⑦选中需要左右居中的框图,单击"绘图工具""格式"选项卡"排列"组中的"对齐",选择"左右居中"选项,如图 2.2.20 所示。

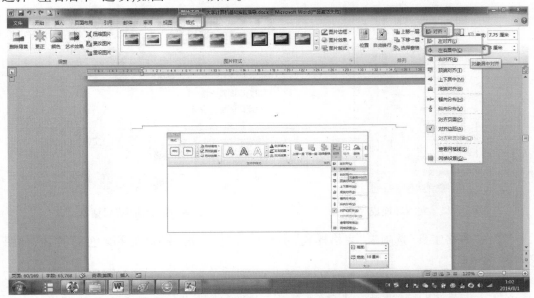

图 2.2.20　"对齐"设置

为便于连接框图,可以设置需要垂直连接的框图为统一宽度,例如选中需要设置的框图,在其中填写宽度为 10 厘米 。

⑧接下来绘制箭头连接线,在线条上单击右键,选择"锁定绘图模式" ,将相邻的框图控点连接起来,按照这种方法绘制完整个流程图的连接线。

⑨将光标置于"附件 1"标题的下方,删除其他无关的文字,单击"插入"选项卡"插图"组中的"形状",选择"新建绘图画布",如图 2.2.21 所示。将绘图画布调至合适的大小。在演示文稿幻灯片上全选所绘制的流程图并复制,在绘图画布上执行"保留源格式"。

图 2.2.21　新建绘图画布

【步骤 6】

①选中附件 3 中的绿色文本,单击"插入"选项卡中"表格"选项,选中"文本转换成表格",如图 2.2.22 所示。打开"将文字转换成表格"对话框,如图 2.2.23 所示,核对列数和"文字分隔位置",单击"确定"按钮。

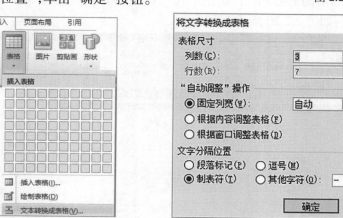

图 2.2.22　文本转换成表格　　　　图 2.2.23　"将文字转换成表格"对话框

②在"表格工具"选项卡"表格样式"中选择"浅色网格-强调文字颜色 4"样式,如图 2.2.24 所示。

③单击"对齐方式"中最中间的对齐方式,实现水平垂直居中。选中需要合并的文本,单击右键打开"快捷菜单",选择"合并单元格"选项,如图 2.2.25 所示。用同样的方法合并其他的两行,按样例删除多余的文本。

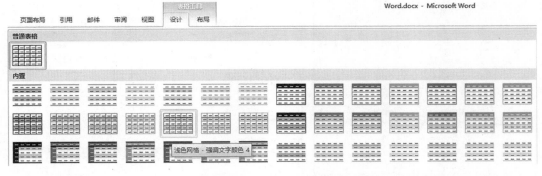

图 2.2.24　"表格工具"样式

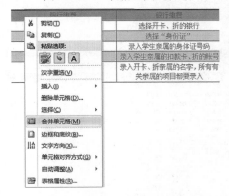

图 2.2.25　文本快捷菜单

【步骤7】

①鼠标定位在附件4内容的"学校："后面，单击"邮件"选项卡下的"开始邮件合并"选项 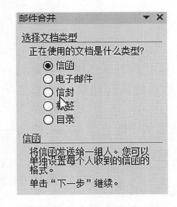 ，在弹出的列表中选择"邮件合并分步向导"，窗口右侧即打开"邮件合并"窗格，如图2.2.26所示。

②前两步采用默认设置，进入第3步后单击"浏览" ，打开"选取数据"对话框，在文件夹内找到"学生档案.xlsx"后打开，后续弹出的对话框无须设置，单击"确定"按钮即可，如图2.2.27所示。

图 2.2.26　邮件合并第1步

③单击"下一步"进入第4步"撰写信函"操作 ，单击窗格中的 ，弹出"插入合并域"对话框，如图2.2.38所示。首先选择学校，单击插入后再单击取消；鼠标定位到"年级和班级："后面，依次选择年级、班级插入，再次单击取消，按照如此操作步骤完成学号、学生姓名（包括"尊敬的"和"学生儿童家长"之间）域的插入。

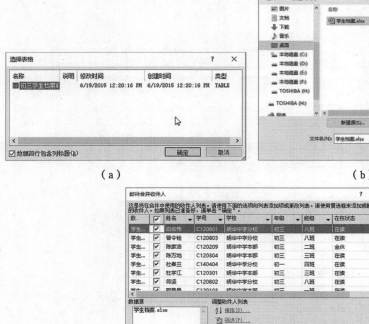

（a）　　　　　　　　　　　　　（b）

（c）

图 2.2.27　数据导入设置

④把附件 4 下的内容复制一份粘贴到标记文字的下一行，然后删除标记文字。添加一个空行，选择插入选项卡下的形状中的直线 ，绘制一条直线。然后在格式下选择 ，再在虚线中选择 ，最后把复制内容中的"此联家长留存"改为"此联学校留存"。

【步骤 8】

①选择邮件选项卡下的 ，打开"邮件合并人"［图

图 2.2.28　插入合并域界面

2.2.27（c）］对话框，单击对话框下方的 ，打开"筛选和排序"对话框，分别对"在校状态"和"性别"作如图 2.2.29 所示的操作，单击"确定"即可。

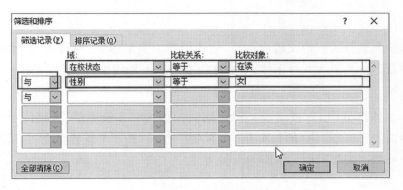

图 2.2.29 "筛选和排序"对话框

②单击下一步"完成并合并"后,选择"编辑单个信函"  ,打开"合并到新文档"对话框,如图 2.2.30 所示,选择"全部"选项。

③单击"确定"后会新建一个"信函 1"的 Word 文档 信函 1 - Microsoft Word ,然后在文件选项卡下选择

图 2.2.30 "合并到新文档"对话框

"另存为"功能,即完成指定位置的保存,在文件名中输入"正式通知",在保存类型中选择 Word 文档(*.docx)。

实验3 毕业论文(设计)排版实战

【实训目的】

1.掌握文档不同页眉和页脚的设置方法。

2.学会自动生成目录。

3.灵活使用不同的排版方法。

【实训内容】

在日常生活中常常会遇到对综合性文档的排版,包含封面、摘要、目录、正文、参考文献、附录等,这种文档最典型的代表就是毕业论文,本案例选取一篇毕业论文来学习具体内容的排版,排版要求如下所述。

1.页面要求

学位论文需用 A4(210 mm×297 mm)标准大小的白纸。

页边距按以下标准设置:

上边距为 30 mm;下边距(地脚)为 25 mm;左边距和右边距为 25 mm;装订线为 10 mm;页眉为 16 mm;页脚为 15 mm。

2.页眉

页眉从摘要页开始到论文最后一页,均需设置。页眉内容:左对齐为"×××大学",右对齐为各章章名。页眉为五号宋体,页眉之下有一条下划线。

3.页脚

从论文主体部分(引言或绪论)开始,用阿拉伯数字连续编页,页码位于每页页脚的中部。页码由前言(或绪论)的首页开始,作为第1页。摘要不设置页码,目录页前置部分可单独用罗马数字编排页码。页脚为五号宋体。

4.摘要

"摘要"字体为小三号黑体,下方空一行。摘要正文小四号宋体,首行缩进2字符,1.5倍行距。摘要正文后空一行。

"关键词"3个字四号黑体,关键词的内容小四号宋体,分号分开,最后一个关键词后面无标点符号。

5.正文字体与间距

学位论文字体为小四号宋体,行间距设置为固定值"20磅",首行缩进2字符。

6.主体部分

格式:主体部分的编写格式由引言(绪论)开始,以结论结束。主体部分必须由另起一页开始。一级标题之间换页,二级标题之间空行。

序号:学位论文各章应有序号,序号用阿拉伯数字编码,层次格式如下所述。

文章标题(方正小标宋、二号加粗、居中)

一、××××(一级标题(标题1)、方正黑体GBK三号不加粗)

××××××××××××××××××××××(内容用小四号宋体)。

(一)××××(二级标题(标题2)、方正楷体GBK三号加粗)

××××××××××××××××××(内容用小四号宋体)。

1.××××(三级标题(标题3)、方正仿宋三号加粗)

××××××××××××××××××(内容用小四号宋体)。

(1)××××(四级标题(标题4)、方正仿宋四号)

××××××××××××××××××(内容用小四号宋体)。

7.目录页

目录页由论文的章、节、条、附录、题录等的序号、名称和页码组成,另起一页排在摘要页之后。

"目录"两字为三号黑体居中,上下各空一行。

目录内容为中文小四宋体,英文、数字为Times New Roman,1.5倍行距。

8.参考文献

参考文献列于正文末尾,中文用宋体五号,西文用Times New Roman五号,1.5倍行距。

【实训步骤】

【步骤1】单击"页面布局"选项卡中的"页面设置"对话框,在"纸张"选项卡"纸张大小"中选择"A4",即210 mm×297 mm,如图 2.3.1(a)所示。在"页边距"选项卡中设置边距(天头)为 30 mm;下边距(地脚)为 25 mm;左边距和右边距均为 25 mm;装订线为10 mm,如图 2.3.1(b)所示。在"版式"选项卡中设置页眉为 16 mm;页脚为 15 mm,如图2.3.1(c)所示。

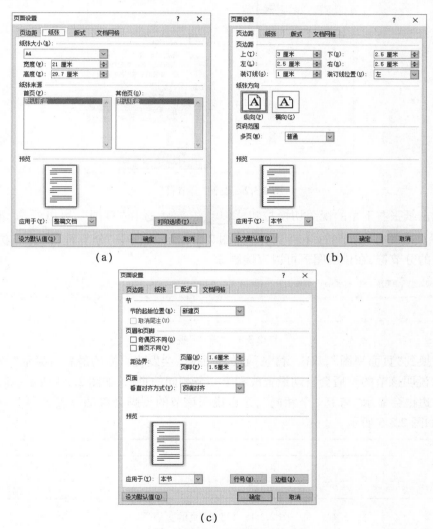

图 2.3.1 "页面设置"对话框

【步骤2和步骤3的前奏】

根据"页眉"和"页脚"的设置要求,文档需设置不同的页眉和页脚,因此在添加页眉和页脚前,需要先设置分节符。

下面介绍"摘要"页和"目录"页之间分节符的设置步骤。

①将光标置于"目录"二字的前面，单击"页眉布局"选项卡"页面设置"组中的"分页符"，选择"分节符"中的"下一页"，如图 2.3.2 所示。可以在"页面视图"看到完成了"摘要"页和"目录"页的分页。

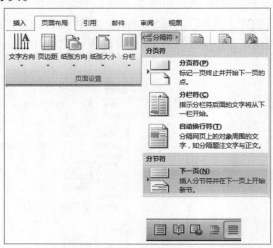

图 2.3.2　设置"分节符"

②单击纸张右下角的视图切换按钮，选择"草图"，可以看到"摘要"页和"目录"页之间有"分节符（下一页）"，如图 2.3.3 所示，说明"分节符"设置成功。若想删除多余的分节符，在该视图下可以直接删除。

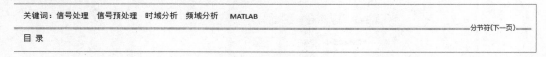

图 2.3.3　"草图"视图

③切换到"页面视图"，双击"目录"页的页眉处，会发现页眉的最右边显示"与上一节相同"，这说明该节的页眉会自动设置成和上一节相同的页眉，如图 2.3.4 所示。同样在页脚的最右边也会显示"与上一节相同"，这也说明该节的页脚会自动设置成和上一节相同的页脚，如图 2.3.5 所示。

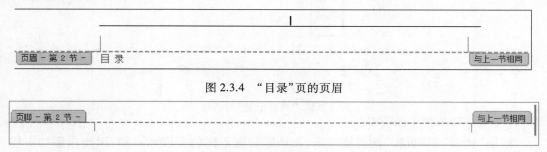

图 2.3.4　"目录"页的页眉

图 2.3.5　"目录"页的页脚

若要完成不同的页眉和页脚设置,需要删除"与上一节相同"。

在"页眉和页脚工具"→"设计"选项卡"导航"组中单击"链接到前一条页眉",即可取消"与上一节相同"的设置。

使用同样的方法,将光标置于各章名称的前面,设置章与章之间的分节符。

根据题目要求,目录页和摘要页是独立的页码,正文章节之间是连续的页码。则需要删除"目录"页和"正文"第一章的页眉和页脚"与上一节相同"设置,只删除正文其他章节的页眉"与上一节相同"设置。

【步骤2】双击摘要页的页眉处,打开页眉设置,在页眉最左端录入"××大学",右端录入"摘要",同样录入其他章节的页眉,单击"关闭页眉和页脚"按钮。

图2.3.6　"页码格式"对话框

【步骤3】

①设置目录页的页码。首先设置"页码格式",在"编号格式"中选择罗马数字,在"页码编号"中选择起始页码为"Ⅰ",如图2.3.6所示,再单击"确定"按钮即可。

在"页眉和页脚工具""页眉和页脚"选项卡中单击"页码",选择"普通数字2"的"页码底端"的页码,如图2.3.7所示。

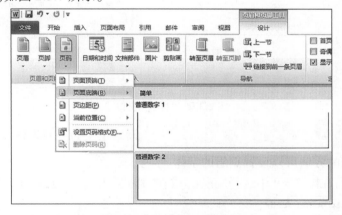

图2.3.7　添加"页脚"

②设置正文的页码:首先设置正文的页码格式,在"编号格式"中选择阿拉伯数字,在"页码编号"中选择"起始页码1",如图2.3.8所示,单击"确定"按钮。

在"页眉和页脚工具""页眉和页脚"选项卡中单击"页码",选择"普通数字2"的"页码底端"的页码。

图2.3.8　"页码格式"对话框

【论文样式设置步骤】

论文文字较多,可以采用统一设置"样式"的方式设置论文中的字体、字号、段落和标题样式。

①页脚样式：单击"开始"选项卡"样式"组中的"样式"窗口，选择"页脚"中的"修改"，如图 2.3.9 所示，打开"修改样式"对话框，如图 2.3.10 所示。

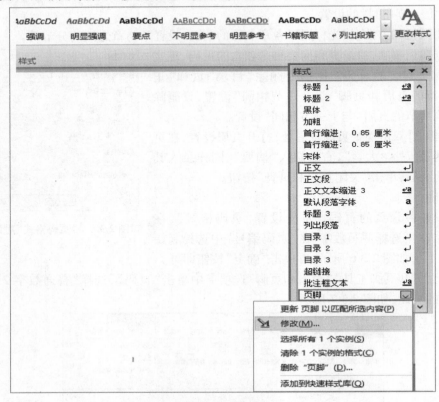

图 2.3.9 "样式"窗口

在  设置正文为五号宋体。

②按照同样的方法可以设置页眉的字体、字号。

③正文样式：在图 2.3.9 中选择"正文"或在"样式"组选择"正文"选项，单击右键选择

"修改" 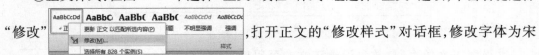，打开正文的"修改样式"对话框，修改字体为宋

体小四。单击对话框右下角的"格式"，选择"段落" ，打开段落设置对话框，

设置行距为固定值 20 磅，首行缩进 2 字符，如图 2.3.11 所示。

④按照同样的方法可以设置标题 1、标题 2、标题 3 的字体字号。

【步骤4】

①单独选择"摘要"二字，设置字体为小三号黑体，按回车键空一行。

②选定摘要正文文字，利用段落对话框设置 1.5 倍行距或单击"开始"选项卡"段落"

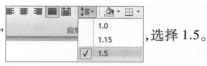

组中的"行和段落间距设置"，选择 1.5。

图 2.3.10 "修改样式"对话框 图 2.3.11 "段落"对话框

③设置"关键词"3 个字为四号黑体，关键词内容小四号宋体，分号分开，最后一个关键词后面无标点符号。

【步骤5】正文的字体与间距按"论文样式设置步骤"完成。

【步骤6】主体部分由"论文样式设置步骤"和【步骤7】综合完成。

【步骤7】

①设置"目录"两字为三号黑体居中，上下各空一行。

②将正文中属于"一、××××"设置为标题1，"（一）××××"设置为标题2，"1.××××"设置为标题3。设置好后可通过单击"视图"选项卡"显示"组中的"导航窗格"查看设置的标题，如图 2.3.12 所示，也可通过导航窗格快速跳转到需要查看的章节，以便于内容的查看和修改。

③将光标置于目录页插入目录的地方，单击"引用"选项卡"目录"组中的"目录"，选择"插入目录"，如图 2.3.13 所示。打开"目录"对话框，如图 2.3.14 所示，单击"确定"按钮。添加好最初的目录。

"目录"快捷菜单如图 2.1.15 所示，"更新目录"对话框如图 2.3.16 所示。

图 2.3.12 "导航"窗格

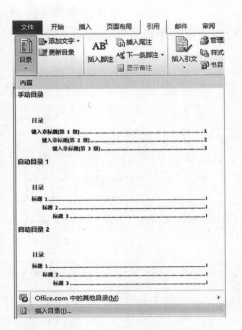

图 2.3.13 "目录"菜单

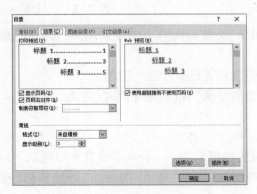

图 2.3.14 "目录"对话框

图 2.3.15 "目录"快捷菜单

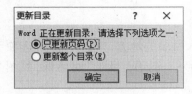

图 2.3.16 "更新目录"对话框

④全选目录中的文字,先设置小四宋体,再设置 Times New Roman 字体,可完成中英文、数字字体的设置要求,然后设置行距为 1.5 倍,即完成目录的最后设置。

【步骤8】全选参考文献中的文字,先将字体、字号设置五号宋体,再设置 Times New Roman 字体,可完成中英文、数字字体的要求,然后将行距设置为 1.5 倍。

第 3 章　MS Office 2010 之 Excel 实战训练

Microsoft Excel 2010 是 Office 2010 办公软件的组件之一,是电子表格处理软件,可以通过比以往更多的方法分析、管理和共享信息。本章主要通过实验将其在日常工作中常见应用呈现出来,让大家能够快速掌握该软件的基本操作。

实验 1　个人开支明细表

刘鑫是一名刚参加工作不久的大学生,习惯使用文本文件来记录每月的个人开支情况,在 2018 年年底,刘鑫将每个月各类支出的明细数据录入了文件名为"开支明细表.txt"的文本文件中,但数据的处理不是很方便。现在需要用 Excel 文件来帮助他对当年的开支数据进行整理分析。

【实训目的】

1.熟练掌握 Excel 2010 的基本操作。

2.掌握单元格数据格式设置。

3.掌握条件格式及排序的设置。

4.掌握基本函数及公式的使用方法。

5.掌握分类汇总操作。

6.掌握图表的使用。

【实训内容】

①在案例 1 文件夹中,新建一个 Excel 工作簿,并把文件名字保存为"刘鑫的开支明细表.xlsx"。打开后把其中的"Sheet1"工作表重命名为"2018 年开支明细"。

②把外部的 txt 文件中的数据导入 Excel"2018 年开支明细"工作表的 A2 单元格。

③在工作表"刘鑫的开支明细表.xlsx"中的第一行添加表标题"刘鑫 2018 年开支明细表",并通过合并单元格操作,将其放于整个表的上端,居中设置。修改 A1:M15 区域的字号为"12",行高为"18",列宽为"11",并加上边框线。

④将每月各类支出及总支出对应的单元格数据类型设为"货币"类型,无小数、有人民币货币符号。

⑤通过函数计算每个月的总支出(SUM)、各个类别月均支出(AVERAGE)、每月平均总支出(AVERAGE);并按每个月总支出升序对工作表进行排序。插入新的一列,在 B2

单元格输入"季度"两字,利用连接符"&"、函数 ROUNDUP 和 MONTH 在该列中完成季度填写,如"第 1 季度"。

⑥利用"条件格式"功能,将每月单项开支金额中大于 1 000 元的数据所在单元格以不同的字体颜色与填充颜色突出显示;将月总支出额中大于月均总支出 110%的数据所在单元格以另一种颜色显示,所用颜色深浅以不遮挡数据为宜。

⑦复制工作表"2016 年开支明细",将副本放置到原表右侧;改变该副本表标签的颜色,并重命名为"按季度汇总";删除"月均开销"对应行。通过分类汇总功能,按季度升序求出每个季度各类开支的月均支出金额。

⑧在"按季度汇总"工作表后面新建名为"折线图"的工作表,在该工作表中以分类汇总结果为基础,创建一个带数据标记的折线图,水平轴标签为各类开支,对各类开支的季度平均支出进行比较,给每类开支的最高季度月均支出值添加数据标签。

⑨保存。

【实训步骤】

【步骤 1】在案例 1 文件夹的空白处单击鼠标右键,在弹出的菜单中选择"新建"命令,弹出的级联菜单中单击"新建 Microsoft Excel 工作表"选项,并命名为"刘鑫的美好生活.xlsx"("xlsx"为文件扩展名,如果新建时没有看到扩展名,请不要添加!)。打开"刘鑫的美好生活.xlsx"文件,双击"Sheet1",将工作表命名为"2016 年开支明细",操作过程如图 3.1.1 所示。

【步骤 2】

①打开"数据"选项卡下的"获取外部数据"分组中的"自文本"选项,如图 3.1.2 所示,打开"导入文本文件"文本框,如图 3.1.3 所示 。

图 3.1.1　新建 Excel 工作簿及重命名

图 3.1.2　获取外部数据

图 3.1.3　导入文本文件

②单击"导入"按钮,即进入了导入向导第一步,其中要选择"分隔符号";文件原始格式选择"简体中文(GB2312)",如图 3.1.4 所示。单击下一步,在"文本导入向导-第 2 步",

如图 3.1.5 所示。再单击下一步，在"文本导入向导-第 3 步"，单击"完成"，如图 3.1.6 所示。进入"导入数据"对话框后，确定数据存放的位置 A2 单元格，再单击"确定"，如图 3.1.7所示。

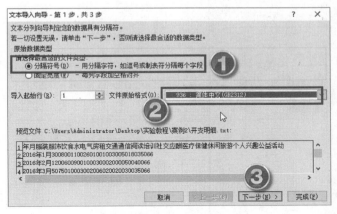

图 3.1.4　文本导入向导（第 1 步）

图 3.1.5　文本导入向导（第 2 步）

【步骤 3】

①选定 A1 单元格，录入文字"刘鑫 2016 年开支明细表"，选中 A1:M1 单元格区域，单击"开始"选项卡的"对齐方式"分组中的"合并后居中"选项，如图 3.1.8 所示。

②选择工作表的 A1:M15 区域，在"字号"下拉列表中选择"12"，居中对齐。选择 1～15 行，在行

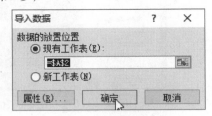

图 3.1.6　文本导入向导（第 3 步）

号处单击右键，选择"行高"，输入"18"；选择 A:M 列，在列号处右击，选择"列宽"，输入"11"。其中，修改字体和行高的步骤如图 3.1.9 所示。

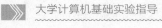
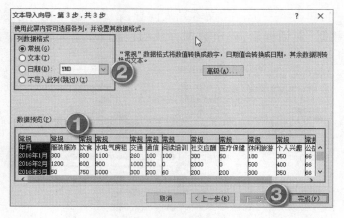

图 3.1.7　导入数据

图 3.1.8　合并后居中操作

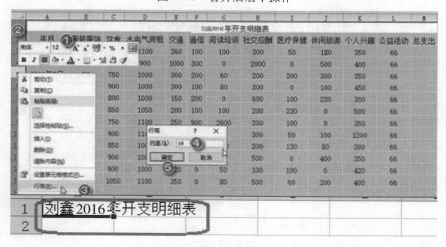

图 3.1.9　设置字体和行高

③选择 A2:M15 区域,单击右键,在弹出的菜单中选择"设置单元格格式"。在弹出的对话框中选择"边框"选项卡,选择线条样式和颜色,最后单击"预置"中的外边框和内部按钮,如图 3.1.10 所示;再单击"填充"选项卡,选择一种浅色的颜色,不宜遮挡文字内容,如图 3.1.11 所示。

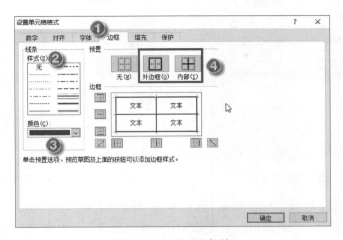

图 3.1.10　设置边框线

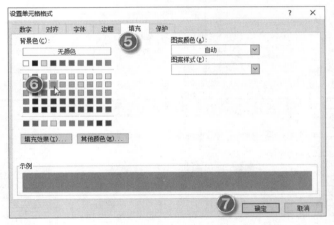

图 3.1.11　填充设置

【步骤4】选择 B3:M15,在选定内容上右击,选择"设置单元格格式",在"数字"选项卡中选择"货币","小数位数"修改为"0",确定"货币符号"为人民币符号(默认即可),如图 3.1.12 所示。

【步骤5】

①选择 M3 单元格,单击"插入函数"按钮

图 3.1.12　设置单元格格式-会计专用

,打开插入函数对话框,在常用函数中选择 SUM(图 3.1.13),单击"确定"进入 SUM 函数对话框,并在第一个参数中输入 B3:L3(图3.1.14)。拖动 M3 单元格的填充柄填充 M4 到 M15 单元格;选择 B15 单元格,输入"=AVERAGE(B3:B14)"后回车,拖动 B15 单元格的填充柄填充 C15 到 N15 单元格(可按照上述 SUM 函数的使用步骤完成平均值函数的应用)。

图 3.1.13　插入函数对话框

图 3.1.14　SUM 函数参数对话框

②选中 A2:M14 区域,单击"数据"选项卡的"排序"功能,打开"自定义排序"对话框,在"主要关键字"中选择"总支出",排序依据中选择"数值","次序"中选择"升序",单击"确定"按钮,如图 3.1.15 所示。

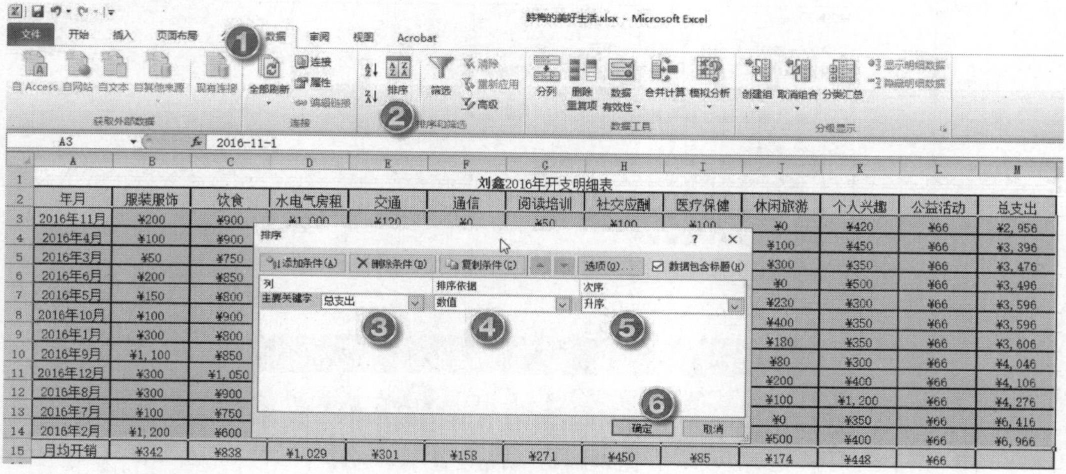

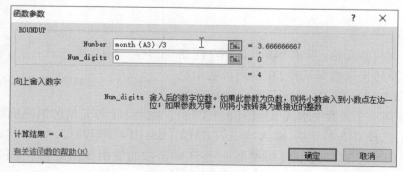

图 3.1.15　排序

③选择 B 列,在列号上右击,选择"插入",选择 B2,录入文本"季度";选择 B3 单元格,输入""第"&=ROUNDUP(month(A3)/3)&"季度""。双击 B3 单元格的填充柄完成,如图 3.1.16 所示。

图 3.1.16　ROUNDUP 函数

【步骤6】

①选 C3:M14 区域,执行"开始"选项卡的"条件格式"列表中的"突出显示单元格规则",并选择"大于"选项(图 3.1.17),在弹出对话框的第一个文本框内输入"1000",使用"浅红填充色深红色文本"的默认设置,单击"确定"按钮,如图 3.1.18 所示。

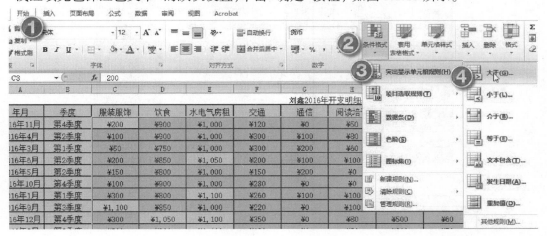

图 3.1.17　条件格式设置步骤

图 3.1.18　数值条件设置

②选择 N3:N14 区域,执行"开始"选项卡的"条件格式"列表中的"突出显示单元格规则"并选择"大于"选项,在弹出对话框的第一个文本框内输入"= N15 * 1.1%",设置格式选择为"黄填充色深黄色文本",单击"确定"按钮,如图 3.1.19 所示。

【步骤7】

①在"2016 年开支明细"工作表标签处右击选择"移动或复制"[图 3.1.20(a)],勾选"建立副本",选择"(移至最后)",单击"确定"按钮,如图 3.1.20(b)所示。在"2016 开支明细(2)"处右击选择"工作表标签颜色",选择一种颜色;在"2016 开支明细(2)"处右击选择"重命名",输入文本"按季度汇总";选定"按季度汇总"工作表的第 15 行,在行号处右击选择"删除"。

②鼠标定位在"按季度汇总"工作表的任意单元格,单击"开始"选项卡下的"编辑"分组中"排序和筛选"→"自定义排序",将"主要关键字"选择为"季度",如图 3.1.21 所示。

③选择"按季度汇总"工作表的 A2:N14 区域,执行"数据"选项卡下的"分类汇总"选

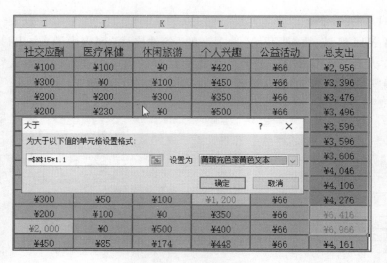

图 3.1.19　公式条件设置

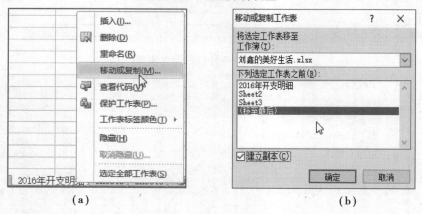

图 3.1.20　移动或复制工作表

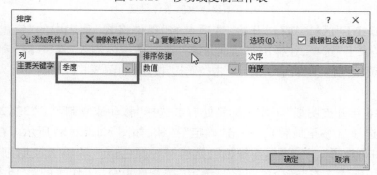

图 3.1.21　按"季度"排序

项,在"分类字段"中选择"季度"、在"汇总方式"中选择"平均值",在"选定汇总项中"除"年月""季度""总支出"3 项外,其余全选,如图 3.1.22 所示。单击"确定"按钮后的效果如图 3.1.23 所示。

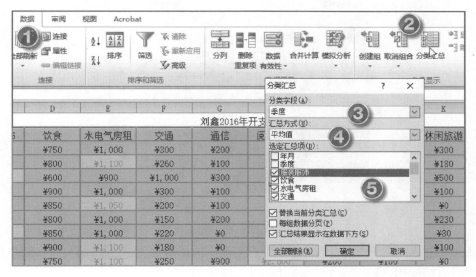

图 3.1.22 分类汇总步骤

1 2 3	A	B	C	D	E	F	G	H	I	J	K	L	M	N
1					刘鑫2016年开支明细表									
2	年月	季度	服装服饰	饮食	水电气房租	交通	通信	阅读培训	社交应酬	医疗保健	休闲旅游	个人兴趣	公益活动	总支出
3	2016年3月	第1季度	¥50	¥750	¥1,000	¥300	¥200	¥60	¥200	¥200	¥300	¥350	¥66	¥3,476
4	2016年1月	第1季度	¥300	¥800	¥1,100	¥260	¥100	¥100	¥300	¥50	¥180	¥350	¥66	¥3,606
5	2016年2月	第1季度	¥1,200	¥600	¥900	¥1,000	¥300	¥0	¥2,000	¥0	¥500	¥400	¥66	¥6,966
6		第1季度 平均值	¥517	¥717	¥1,000	¥520	¥200	¥53	¥833	¥83	¥327	¥357	¥66	¥4,683
7	2016年4月	第2季度	¥100	¥900	¥1,000	¥100	¥80	¥0	¥300	¥0	¥0	¥450	¥66	¥3,396
8	2016年6月	第2季度	¥200	¥850	¥1,050	¥200	¥100	¥200	¥230	¥0	¥500	¥300	¥66	¥3,496
9	2016年5月	第2季度	¥150	¥800	¥1,000	¥150	¥200	¥0	¥600	¥100	¥230	¥300	¥66	¥3,596
10		第2季度 平均值	¥150	¥850	¥1,017	¥217	¥133	¥60	¥367	¥110	¥110	¥417	¥66	¥3,496
11	2016年9月	第3季度	¥1,100	¥850	¥1,000	¥220	¥0	¥0	¥200	¥130	¥80	¥300	¥66	¥4,046
12	2016年8月	第3季度	¥300	¥900	¥1,100	¥180	¥0	¥80	¥300	¥50	¥100	¥1,200	¥66	¥4,276
13	2016年7月	第3季度	¥750	¥750	¥1,100	¥250	¥0	¥2,600	¥200	¥0	¥0	¥350	¥66	¥6,416
14		第3季度 平均值	¥500	¥833	¥1,067	¥217	¥300	¥927	¥233	¥93	¥60	¥617	¥66	¥4,913
15	2016年11月	第4季度	¥200	¥900	¥1,000	¥120	¥0	¥50	¥100	¥100	¥0	¥420	¥66	¥2,956
16	2016年10月	第4季度	¥100	¥900	¥1,000	¥280	¥0	¥500	¥0	¥400	¥350	¥66	¥3,596
17	2016年12月	第4季度	¥300	¥1,050	¥1,100	¥350	¥0	¥80	¥500	¥60	¥200	¥400	¥66	¥4,106
18		第4季度 平均值	¥200	¥950	¥1,033	¥250	¥0	¥43	¥367	¥53	¥200	¥390	¥66	¥3,553
19		总计 平均值	¥342	¥838	¥1,029	¥301	¥158	¥271	¥450	¥85	¥174	¥448	¥66	¥4,161

图 3.1.23 分类汇总效果

【步骤8】

①单击"按季度汇总"工作表右边的"插入工作表"图标,即插入了一个名为"Sheet2"的工作表,单击鼠标右键将文件重命名为"折线图"。

②在按季度汇总工作表中,单击行号左侧上方的数字2,然后选中如图 3.1.24 所示的区域。接着单击"插入"→"图表"→"折线图"→"带数据标记的折线图",如图 3.1.25 所示。

	A	B	C	D	E	F	G	H	I	J	K	L	M
1					刘鑫2016年开支明细表								
2	年月	季度	服装服饰	饮食	水电气房租	交通	通信	阅读培训	社交应酬	医疗保健	休闲旅游	个人兴趣	公益活动
6		第1季度 平均值	¥517	¥717	¥1,000	¥520	¥200	¥53	¥833	¥83	¥327	¥367	¥66
10		第2季度 平均值	¥150	¥850	¥1,017	¥217	¥133	¥60	¥367	¥110	¥110	¥417	¥66
14		第3季度 平均值	¥500	¥833	¥1,067	¥217	¥300	¥927	¥233	¥93	¥60	¥617	¥66
18		第4季度 平均值	¥200	¥950	¥1,033	¥250	¥0	¥43	¥367	¥53	¥200	¥390	¥66

图 3.1.24 分级显示效果

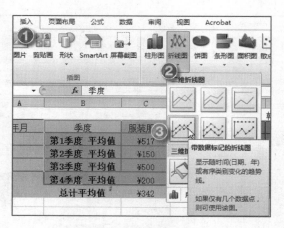

图 3.1.25　插入图表

③选中插入好的折线图(图 3.1.26),右击鼠标选择剪切,在"折线图"工作表的 A1 单元格中进行粘贴操作。

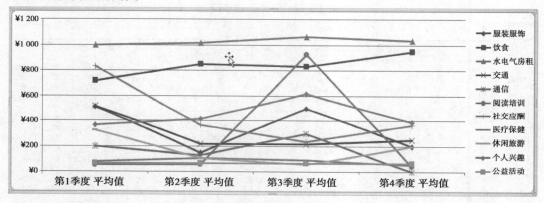

图 3.1.26　季度数据折线图

【步骤 9】文件的保存有多种方式,如前面章节中的 Word,这里简单介绍 3 种方式。第一种方式:快捷工具栏中的"保存"按钮;第二种方式:文件选项卡下面的"保存"选项;第三种方式:使用"Ctrl+S"快捷键。

实验2　数据处理(计算机等级考试成绩表)

每年都会进行计算机等级考试,在考试后老师们都需要对成绩进行处理,现来完成对本次计算机等级考试成绩数据的整理和统计工作。

【实训目的】

1.熟练掌握文件的另存为功能。
2.熟练掌握工作表的基本操作。

3.掌握特殊单元格格式设置的操作。

4.掌握文件中输入输出的方式。

5.掌握 Excel 文件打印设置。

【实训内容】

①事先在考生文件夹中建立一张计算机成绩表，命名为"Excel 2010 素材"。将工作簿文档"Excel 2010 素材.xlsx"另存为"计算机等级考试成绩处理.xlsx"（.xlsx 为扩展名）。

②将"行政区划代码对照表.xlsx"工作簿中的工作表"Sheet1"复制到"计算机等级考试成绩处理.xlsx"工作簿的"名单"工作表左侧，并重命名为"行政区划代码"，并且工作表标签颜色为标准红色；并用图片"map.jpg"作为该工作表的背景，不显示网格线。

③修改单元格样式"标题 1"，令其格式变为"微软雅黑"、14 磅、不加粗、跨列居中、其他保持默认效果。为第一行中的标题应用更改后的单元格样式"标题 1"。在"性别"和"部门代码"中插入一行空列，列标题为"地区"。

④将笔试分数、面试分数、总成绩 3 列数据设置为形如"123.320 分"，并且能够正确参与预算的数值类数字格式。

⑤正确的准考证号为 12 位文本，面试分数的范围为 0~100 的整数（含本数），试检测这两列数据的有效性，当输入错误时会给出提示信息"超出范围，请仔细核实后重新输入！"，以标准红色圈标出存在的错误数据。

⑥为整个数据区套用一个表格格式，最后取消筛选并转换为普通区域。适当增加行高（如设置为"14"），并自动调整各列列宽至合适的大小。锁定工作表的第 1~3 行，使其始终可见。

⑦按照下列要求对工作表"名单"中的数据完成基本输入：

在"序号"列中输入格式为"00001、00002、00003、…"的顺序号；在"性别"列的空白单元格输入"男"。

⑧在"性别"和"部门代码"之间插入一个空列，列标题为"地区"，自左向右准考证号的第 5、6 位为地区代码，根据工作表"行政区划代码"中的对应关系在"地区"列中输入地区名称。

在"部门代码"列中填入对应的部门代码，其中准考证号的前 3 位为部门代码。

⑨准考证号的第 4 位代表考试类别，按照下列计分规则计算每个人的总成绩：

准考证号的第 4 位	考试类别	计分方法
"1"	A 类	笔试面试各占 50%
"2"	B 类	笔试占 60%、面试占 40%

⑩横向打印，打印时每一张内容的上方必须有文件的前三行内容，且所有列必须显示出来。

【实训步骤】

【步骤1】在文件夹"案例2"中打开工作簿文档"Excel 2010 素材.xlsx",然后单击"文件"选项卡中的"另存为"命令,打开"另存为"对话框。在文件名文本框中将文件名修改为"计算机等级考试成绩处理.xlsx",单击"保存"按钮,如图3.2.1和图3.2.2所示。

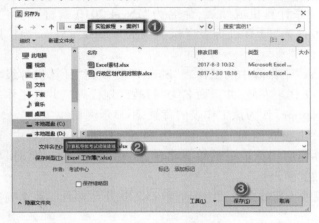

图 3.2.1 "另存为"设置　　　　　　　图 3.2.2 "另存为"对话框

【步骤2】

①在"案例2"文件夹中打开工作簿文档"行政区划代码对照表.xlsx",选择"Sheet1"工作表,然后单击鼠标右键,在弹出的快捷菜单中选择"移动或复制"命令,打开"移动或复制工作表"对话框,如图3.2.3所示。

②在"将选定工作表移至工作簿"下拉列表中选择"Excel 2010 素材.xlsx",在"下列选定工作表之前"下拉列表中选择"名单",勾选"建立副本"复选框,如图3.2.4所示,单击"确定"按钮。

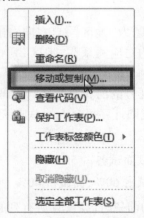
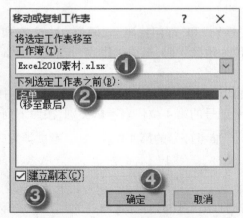

图 3.2.3 "移动或复制"列表　　　　图 3.2.4 "移动或复制工作表"对话框

③双击工作表"Sheet1"标签,输入"行政区划代码",按回车键。单击该工作表标签,

在弹出的快捷菜单中选择"工作表标签颜色"命令,在其下级菜单中选择标准色中的"红色",如图3.2.5所示。

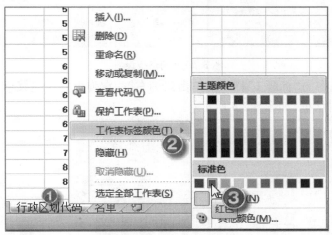

图 3.2.5　工作表标签颜色

④选中"行政区划代码"工作表的 **A1** 单元格。单击"页面布局"分组中"页面设置"分组中的"背景"按钮,打开"插入图片"对话框。单击"浏览"按钮,在考生文件夹中选中"map.jpg"这张图片,单击"插入"按钮,如图3.2.6所示。

图 3.2.6　背景设置

⑤在"页面布局"选项卡中"工作表选项"分组中,取消选中的"网格线"中的"查看"复选框,如图3.2.7所示。

【步骤3】

①选中"名单"工作表,在"开始"选项卡的"样式"分组中,单击"单元格样式"右边的

图 3.2.7　网格线设置

向下箭头，在列表中的"标题 1"样式上单击鼠标右键，在弹出的快捷菜单中选择"修改"命令，弹出"样式"对话框，如图 3.2.8 所示。

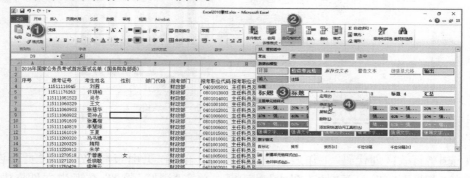

图 3.2.8　修改单元格样式

②单击对话框中的"格式"按钮，在弹出的"设置单元格格式"对话框中单击"对齐"选项卡，在"文本对齐方式"中的"水平对齐"中设置为"跨列居中"，如图 3.2.9 所示。

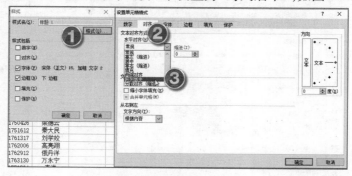

图 3.2.9　修改对齐样式

③单击"字体"选项卡，设置字体为"微软雅黑"、字形为常规不加粗，字体大小为 14 磅，如图 3.2.10 所示，并连续两次单击"确定"按钮。

④选中 A1:L1 单元格区域，单击选中"开始"选项卡中"样式"分组中"单元格样式"中的"标题 1"。

⑤选中 E 列，单击鼠标右键，在弹出的快捷菜单中选择"插入"命令，即在"性别"和"部门代码"之间插入一个空列，如图 3.2.11 所示，在 E3 单元格中输入"地区"。

【步骤 4】

①选中 J4:J1777 单元格区域，单击 J4 单元格左侧的"黄色感叹号"按钮，在打开的下拉列表中单击"转换为数字"命令，如图 3.2.12 所示。

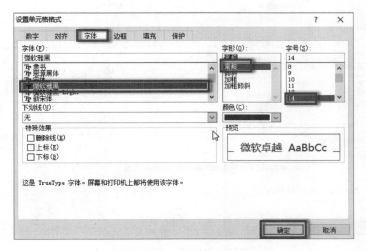

图 3.2.10　修改字体样式

图 3.2.11　插入列

图 3.2.12　转换为数字

②选中 J4：L1777 单元格区域，单击"开始"选项卡中"数字"分组中的对话框启动器按钮，打开"设置单元格格式"对话框。在"数字"选项卡的"分类"中选择"自定义"，在"类型"中选择输入"0.000 分"，单击"确定"按钮，如图 3.2.13 所示。

【步骤5】

①选中 B4：B1777 单元格区域，单击"数据"选项卡中"数据工具"分组中的"数据有效性"向下的箭头，选择"数据有效性"命令，弹出"数据有效性"对话框，如图 3.2.14 所示。

②在"设置"选项卡"有效性条件"分组中的"允许"下拉列表框中选择"文本长度"，在"最小值""最大值"框中都输入数值"12"，如图 3.2.15 所示。单击"出错警告"选项卡，在"样式"下拉列表中选择"信息"，在"错误信息"文本框中输入"超出范围，请仔细核实后重新输入！"，如图 3.2.16 所示，单击"确定"按钮。

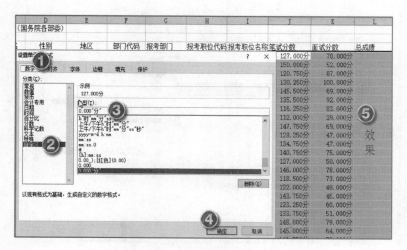

图 3.2.13　自定义设置单元格格式

图 3.2.14　数据有效性对话框

图 3.2.15　设置"文本长度"

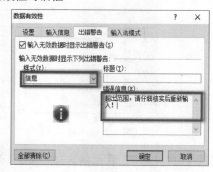

图 3.2.16　设置"出错警告"

　　③参照上述步骤,选中 K4：K1777 单元格区域,单击"数据"选项卡"数据工具"分组中的"数据有效性"向下的箭头,选择"数据有效性"命令,弹出"数据有效性"对话框,在"设置"选项卡"有效性条件"分组中的"允许"下拉列表框中选择"整数",在"最小值"框中输入数值"0","最大值"框中都输入数值"100",如图 3.2.17 所示。单击"出错警告"选项卡,在"样式"下拉列表中选择"信息",在"错误信息"文本框中输入"超出范围,请仔细核实后重新输入！",然后单击"确定"按钮。

图 3.2.17 设置"数据有效性"

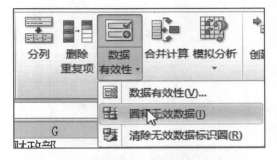

图 3.2.18 "圈释无效数据"选项

④单击"数据"选项卡"数据工具"分组中的"数据有效性"向下的箭头，选择"圈出无效数据"命令，如图 3.2.18 所示。部分效果如图 3.2.19 所示。

115170090325	柴木		财政部	0801013003	主任科员及以	147.000分	-37.000分
115170091919	李安		财政部	0401012001	主任科员及以	142.500分	72.000分
115170110409	李静		财政部	0401012001	主任科员及以	132.250分	48.000分
1151111402222	李英	女	财政部	0401005001	主任科员及以	133.500分	36.000分
115132232552?	王海		财政部	0401008001	主任科员及以	126.750分	51.000分
1151440241082	赵威华		财政部	0401003001	主任科员及以	121.250分	91.000分
1151370608 1?	刘博宝	女	财政部	0401008001	主任科员及以	124.250分	53.000分
10811158248	信静飞		工业和信息化	0401101001	机要督办处主	122.500分	55.000分

图 3.2.19 无效性数据效果

【步骤6】

①选中 A3:L1777 数据区域，单击"开始"选项卡中"样式"分组中的"套用表格式"向下的箭头，在其中选择一种样式(例如：表样式浅色样式9)，在弹出的"套用表格式"对话框中勾选"表包含标题"复选框，如图 3.2.20 所示，单击"确定"按钮。

②在选中整张表格的情况下，单击"开始"选项卡中"编辑"分组中的"排序和筛选"下拉列表中的

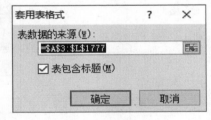

图 3.2.20 "套用表格式"选项

"筛选"按钮，取消筛选功能，如图 3.2.21 所示(这里为了后续步骤的进行，可以暂时不作处理)。

图 3.2.21 取消筛选

③选中整张表格，单击"开始"选项卡"单元格"分组中的"格式"下拉菜单，在其列表中选择"行高"，即弹出"行高"对话框，输入行高比原行高值大些的值(例如：14)，如图 3.2.22和图 3.2.23 所示，单击"确定"按钮。

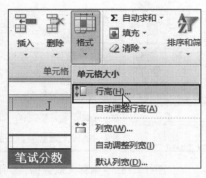

图 3.2.22　设置行高（1）

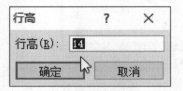

图 3.2.23　设置行高（2）

④选中整张表格,单击"开始"选项卡中"单元格"分组中的"格式"下拉菜单,在其列表中单击"自动调整列宽"命令,如图 3.2.24 所示。

⑤选中第 4 行,然后单击"视图"选项卡中"窗口"分组中的"冻结窗格"下拉菜单,在下拉列表中单击"冻结窗格"命令,即可冻结 1~3 行,并使其始终可见,如图 3.2.25 所示。

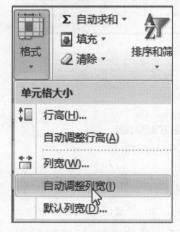

图 3.2.24　设置列宽

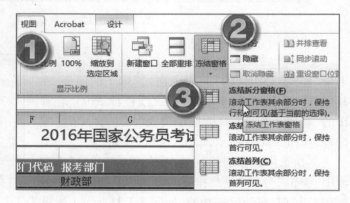

图 3.2.25　"冻结窗格"选项

【步骤 7】

①选中"名单"工作表的 A 列,单击鼠标右键,在弹出的快捷菜单中选择"设置单元格格式"命令,在"数字"选项卡的"分类"中选择"文本",单击"确定"按钮。

②选中 A4 单元格,在其中输入"00001",选中 A5 单元格,在其中输入"00002",同时选中 A4 和 A5 单元格,然后双击其后面的智能填充柄,完成序号列序号的智能填充。

③选中 D1 单元格,单击筛选按钮(D1 单元格中的倒三角按钮),然后只选中"空白"复选框并单击"确定"按钮,如图 3.2.26 所示。

④选中 D 列的空白区域,写上"男",然后按下快捷键"Ctrl+Enter"。单击"数据"选项卡中"排序和筛选"分组中的"筛选"按钮,取消筛选状态,如图 3.2.27 所示。

⑤选中 F4 单元格,单击插入函数按钮,打开对话框,在搜索函数中输入"left"(图 3.2.27),单击"转到"后,再单击"确定"进入参数对话框设置。让光标在"Text"框中闪烁,

选中 B3 单元格,接着让光标在 Num_chars 框中闪烁,输入"3",如图 3.2.28 所示,最后单击"确定"按钮。

【步骤 8】准考证号的第 5 和 6 位表示的是地区代码,可以利用 MID 函数提取,具体公式为:"MID([@准考证号],5,2)",其中第一个参数是选中 B4 单元格转换得来。而地区代码与对应的地区却在工作表"行政区划代码"中,结合 VLOOKUP 函数的特性,必须将"行政区划分代码"表中的"代码-名称"拆分出来。

①选中"行政区划代码"工作表的(B4:B38)单元格区域,在"数据"选项卡中"数据工具"分组中单击"分列"工具,如图 3.2.29 所示。在打开的"文本分列向导-第 1 步,共 3 步"对话框中,在"原始数据类型"选项下,选择"分隔符号",如图 3.2.30 所示,单击"下一步"按钮。在"文本分列向导-第 2 步,共 3 步"对话框中的"分隔符号"中选择"其他"在其后的文本框中输入"-",如图 3.2.31 所示,

图 3.2.26　筛选设置

单击"下一步"到"第 3 步"。在"文本分列向导-第 3 步,共 3 步",把代码列的数据格式设置为文本,单击"完成"按钮,完成(B4:B38)单元格区域单元格的拆分,如图 3.2.32 所示。

图 3.2.27　搜索 LEFT 函数

图 3.2.28　LEFT 函数参数

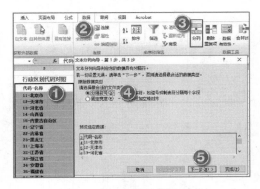

图 3.2.29　分列向导第 1 步

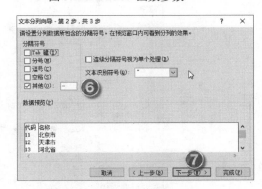

图 3.2.30　分列向导第 2 步

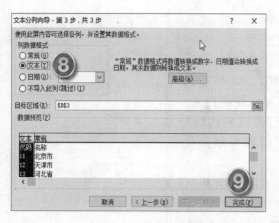

图 3.2.31　分列向导第 3 步

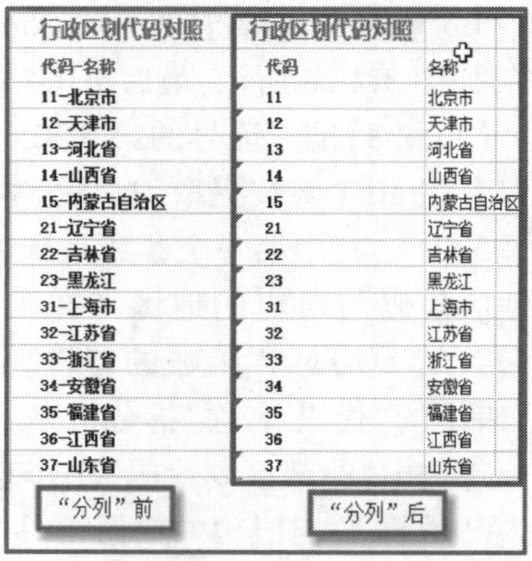

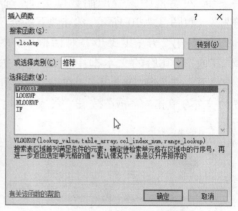

图 3.2.32　单元格拆分

②选中"名单"工作表的 E4 单元格,然后单击"插入函数"按钮,此时弹出"插入函数"对话框。在"在选择函数"中选中"VLOOKUP"函数,如图 3.2.33 所示,然后单击"确定"按钮。

③在弹出的"函数参数"对话框中的第一个参数中输入要在表格或区域的第 1 列中搜索到的值,也就是前面计算出来的区域代码值公式 MID([@准考证号],5,2);第二个参数输入要进行固定匹配的区域,也就是工作表"行政区划分代码"中的 B3:B48 区域,按下"F4"键。因为涉及后续的数据填充,此区域不管匹配多少次都是固定不变的,所以要使用"绝对引用";在第三个参数中,要输入的是最终返回数据所在的列号。本题中返回数据所在的是 B 列,所以此处列号是"2",因此应填"2";在第四个参数中,是对查找值的匹配情况,false 为精确查找,true 近似查找。本题中要求精确查找。因此参数应填"false",如图 3.2.34 所示。

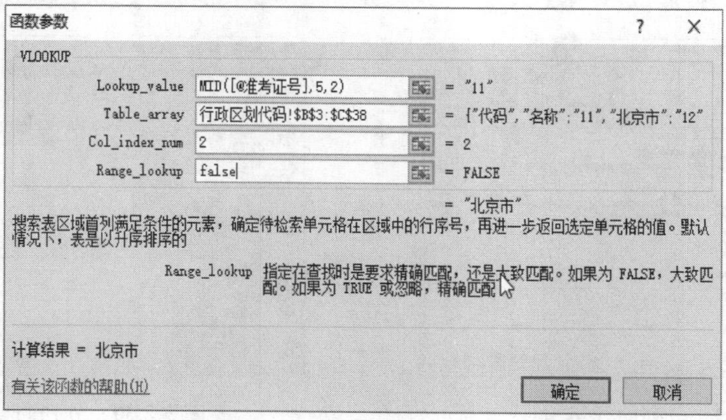

图 3.2.33　VLOOKUP 搜索

图 3.2.34　VLOOKUP 参数设置

函数 VLOOKUP 语法规则,4 个参数分别为:

VLOOKUP(lookup_value, table_array, col_index_num, range_lookup)

参数	简单说明	输入数据类型	备注
Lookup_value	要查找的值	数值、引用或文本字符串	某个函数的结果
Table_array	要查找的区域	数据表区域	绝对引用($)
Col_index_num	返回数据在查找区域的第几列数	正整数	
Range_lookup	模糊匹配/精确匹配	TRUE(或不填)/FALSE	一般为精确匹配

【步骤 9】总成绩是根据笔试成绩和面试成绩来决定的,由于不同类型的考试,两者所占的比例是不同的,如果出现如下两种情况:

①那么"A 类"考试的总成绩为笔试和面试各占 50%,那么总成绩计算公式为:笔试成绩 * 50%+面试成绩 * 50%,L4 单元格的总成绩为:J4 * 50+K4 * 50%。由此可知"B 类"考试的总成绩为:J4 * 60+K4 * 40%。

先获取准考证的第 4 位数字"MID(B4,4,1)";然后通过 IF 函数判定属于哪类考试。

②选中 L4 单元格,打开 IF 函数参数对话框,第一个参数填入 MID([@ 准考证号],4,1)= "1";第二个参数填入[@ 笔试分数] * 0.5+[@ 面试分数] * 0.5;第三个参数填入[@ 笔试分数] * 0.6+[@ 面试分数] * 0.4,如图 3.2.35 所示。

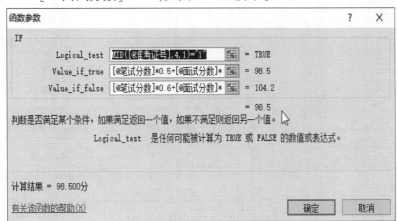

图 3.2.35　IF 函数参数设置

函数 IF 语法规则,3 个参数分别为:

IF(logical_test, value_if_true, value_if_false)

参数	简单说明	备注
Logical_test	计算结果为 TRUE 或 FALSE 的任意值或表达式	保证能得到 TURE 或 FALSE 的结果
Value_if_true	Logical_test 为 TRUE 时返回的值	具体值、表达式
Value_if_false	Logical_test 为 FALSE 时返回的值	具体值、表达式

MID 函数这里提取出来的内容是文本型数据,所以等号右侧的 1 加上双引号也变成了文本型,如果不处理结果将是错误的。第一个参数也可以这么填写:

INT(MID([@ 准考证号] , 4 , 1)) = 1

③双击填充柄完成总成绩列的填充。

【步骤 10】

①打开页面布局对话框,在"页面设置"组下面找到"打印标题",弹出对话框设置。选中工作表选项卡,在顶端标题行后选择前三行,单击"确定"按钮。打印时可以在每一页都显示前三行的内容,如图 3.2.36 所示。

②单击"文件"选项卡中的"打印"命令,将纸张方向调整为横向,并将所有列调整为一页,如图 3.2.37所示。

图 3.2.36 顶端标题行设置

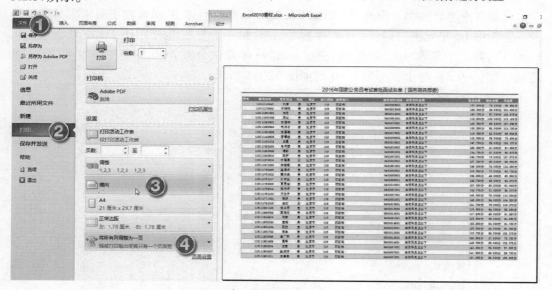

图 3.2.37 打印设置及预览

③按下"Ctrl+S"快捷键保存后关闭文件。

实验 3 ××商品销售统计报告

【实训目的】

1.熟练掌握数据填写的方式。

2.熟练掌握数据有效性设置。

3.掌握自定义单元格格式的设置。

4.熟悉数据透视表及数据透视图的创建。

5.掌握高级筛选的操作。

6.掌握页眉页脚的设置。

【实训内容】

①利用公式或函数分别完成 F2:F61 单元格区域的产品价格、H2:H61 单元格区域的销售额(百万元)及 B64 单元格的某日销售额统计情况。

②把 B2:B61 区域时间格式由"yyyy-mm-dd"修改为"yyyy/mm/dd";把 C2:C61 区域的编号修改为"A111-111"效果;F2:F61 区域应用会计专用格式,小数位数为 0;应用"橙色,强调文字颜色 2"填充颜色,并把 F1:H1 区域的内容完成形如 换行效果。

③让第一行内容始终可见;给 A1:H61 区域添加边框效果;把 H2:H61 区域大于 1 百万元的数据所在单元格应用浅红填充色深红色文本的格式;按照"东北、华北、西北、华东、华中、华南和西南"顺序给工作区域进行排序。

④在区域 A66:D74 中创建数据透视表,要求如下:

a.按照地区汇总销售额。

b.计算每个地区销售额占总销售额比例。

c.添加计算字段"营销费用(百万元)",以提取销售额的 15% 作为营销费用。

d.适当修改区域 A66:D66 中的标题,可参照本章最后的效果图。

e.对区域 B67:B74 和区域 D67:D74 中的数据按照百万单位显示。

f.对数据透视表应用"浅色 22"的数据透视表样式。

⑤在区域 E66:H74 中,创建数据透视图,要求如下:

a.图表类型为饼图。

b.不显示图例和图表标题。

c.隐藏图表上的所有字段按钮。

d.添加数据标签,标签中包含各类别的名称和百分比,并将标签文本颜色设为白色。

⑥在区域 A76:H78 设置条件区域,筛选条件为:2016 年 6 月 1 日之前的销往华东地区的订单记录和 2016 年 8 月 1 日后的销往华中地区的订单记录,筛选结果存放到区域 A80:H86,并隐藏 76~79 行。

⑦工作簿的主题设置为"销售统计",工作表的页眉添加文本"销售统计报告",页脚添加"页码 of 总页数"。

⑧进行页面设置,将页面的缩放比例设置为正常尺寸的 90%;设置区域 A1:H86 为打印区域。

【实训步骤】

【步骤1】

①在单元格 F2 中应用 VLOOKUP 函数添加产品价格,如图 3.3.1 所示,产品价格信息可以在工作表"价目表"中查阅,双击"F2"的填充柄填充至 F61 单元格内。

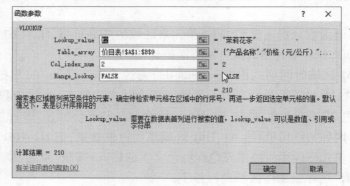

图 3.3.1　VLOOKUP 函数参数设置

②在单元格 H2 中计算每个订单的金额(等于价格乘以销售量),并以百万元为单位显示,如图 3.3.2 所示,保留两位小数,如图 3.3.3 所示,双击 H2 单元格的填充柄填充数据至 H61 单元格内。

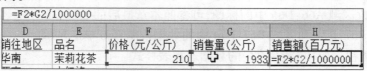

图 3.3.2　计算销售额

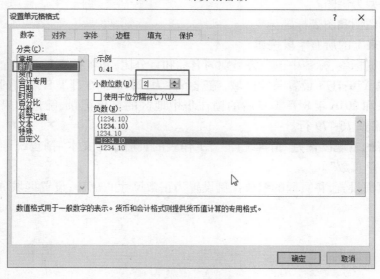

图 3.3.3　设置小数位数

③在单元格 A63 和 B63 分别输入日期和销售额统计,并应用"标题4"的单元格样式,如图 3.3.4 所示。

图 3.3.4　单元格样式设置

④在单元格 A64 中输入日期"2016-10-19",选中该单元格在"数据"选项卡中单击"数据有效性"选项打开相应的对话框,"允许"中选择"日期"选项,开始日期填写 2016-1-1,结束日期填写 2016-12-31,如图 3.3.5 所示。在出错警告中,样式选择"信息",错误信息可自由填写,如图 3.3.6 所示,最后单击"确定"按钮。

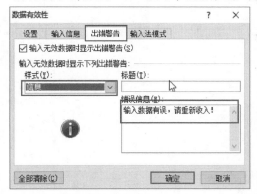

图 3.3.5　有效性条件设置

图 3.3.6　出错警告设置

⑤在单元格 B64 中应用 SUMIF 函数计算该日的总计销售额,如图 3.3.7 所示,然后把结果转换成单位元=SUMIF(B2:B61,A64,H2:H61)*1000000,再对结果应用货币格式,并保留零位小数。

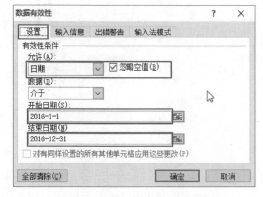

图 3.3.7　SUMIF 函数参数设置

函数 SUMIF 语法规则,3 个参数如下:

SUMIF(range,criteria,sum_range)

参数	简单说明	输入数据类型	备注
Range	条件区域	用于条件判断的单元格区域	
Criteria	求和条件	由数字、逻辑表达式等组成的判定条件	与第一个参数成对出现
Sum_range	实际求和区域	需要求和的单元格、区域或引用	省略第三个参数时,则条件区域就是实际求和区域

【步骤2】

①选中 B2:B61 的区域,打开"设置单元格格式"对话框,利用"自定义"选项将"yyyy-m-d"格式修改为"yyyy/m/d"效果,如图 3.3.8 所示。

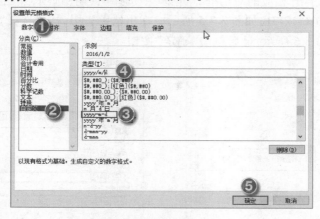

图 3.3.8   时间自定义设置

②选中 C2:C61 的订单编号区域,打开"设置单元格格式"对话框,利用"自定义"选项选中0,然后在"类型"选项中输入"A000-000"。单击"确定"后订单编号会变成"A947-565"效果,效果如图 3.3.9 所示。

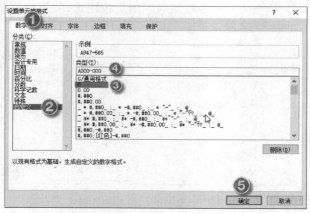

图 3.3.9   数字自定义设置

③选中区域 F2:F61,打开"设置单元格格式"对话框,对数据应用"会计专用"的单元格格式,并保留零位小数,如图 3.3.10 所示。

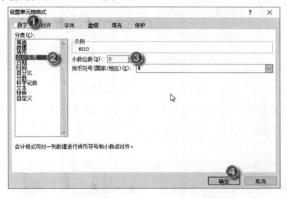

图 3.3.10　会计专用

④对字段行 A1:H1 应用"橙色,强调文字颜色 2"填充颜色。双击 F1 单元格,让光标在内容"价格"后面闪烁,按下"Alt+Enter"快捷键完成强制换行。按照上述方法对 G1 和 H1 的内容完成换行。

【步骤3】

①单击"视图"选项卡,在"窗口"组下找到"冻结窗格"选项,单击冻结首行完成对第一行的锁定,如图 3.3.11 所示。

图 3.3.11　冻结窗格

②选中 A1:H61 区域,在开始选项卡的字体组中找到"边框"选项,单击"所有框线"功能,并对其中所有数据居中对齐,如图 3.3.12 所示。

③选中区域 H2:H61,在"开始"选项卡的"样式"组中,使用"条件格式"功能把大于 1 百万元的数据所在单元格应用浅红填充色深红色文本的格式,如图 3.3.13 所示。

④任选区域 A1:H61 中的一个单元格,单击"数据"选项卡下的"排序和筛选"组中的"排序"选项,打开对话框,首先设置"主要关键字"为"销往地区",然后在"次

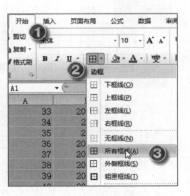

图 3.3.12　边框设置

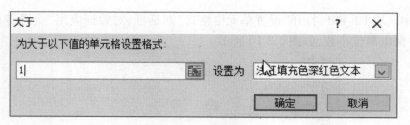

图 3.3.13　条件格式设置

序"选项中选择"自定义序列",打开相应对话框,在"输入序列"下依次输入东北、华北、西北、华东、华中、华南和西南,最后连续单击两次"确定"按钮,如图 3.3.14 所示。

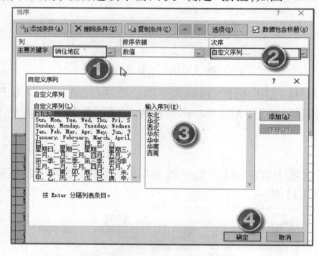

图 3.3.14　自定义排序设置

【步骤 4】

①选中 A2:H61 区域任一单元格,单击"插入"选项卡下"表格"组中的"数据透视表"选项,如图 3.3.15 所示。

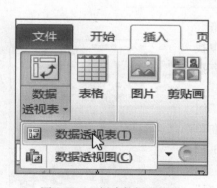

图 3.3.15　创建数据透视表

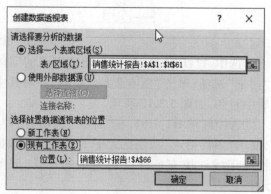

图 3.3.16　数据透视表位置选择

②在弹出的"创建数据透视表"对话框中,此时只需要设置现有工作表的位置文本框

中单击选择 A66 单元格,如图 3.3.16 所示,之后便会出现如图 3.3.17 所示的效果。

图 3.3.17　数据透视表基本效果

③在窗口右侧的"数据透视表字段列表"中,首先把销往地区字段移动到下方的行标签内,然后再把销售额(百万元)字段移动到"数值"区域。单击该选项,在弹出的菜单中选择"值字段设置"打开相应的对话框,然后单击"数字格式"按钮,继续打开"设置单元格格式"对话框,设置数值类型,小数位数设置为 2,如图 3.3.18 所示。

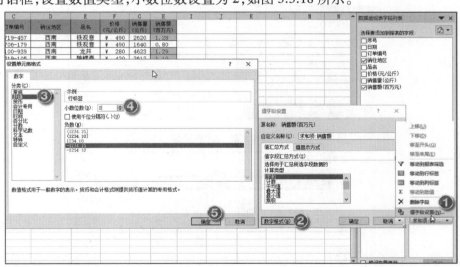

图 3.3.18　添加字段及格式设置

④单击 B66 单元格,在地址框中修改名字为:销售额(百万元),如图 3.3.19 所示。

⑤再次把窗口右侧的"数据透视表字段列表"中销售额(百万元)字段移动到"数值"区域,然后按照【步骤4】修改 C66 单元格内容为"占比"。

⑥单击"数值"区域的占比项,在弹出的菜单中选择"值字段设置",打开相应的对话框,选择"值显

图 3.3.19　修改内容

示方式"选项卡,并设置"全部汇总百分比"。然后单击"数字格式"按钮,打开"设置单元格格式"对话框。选择百分比,并设置小数位数为2,如图3.3.20所示。

图 3.3.20 "占比"列设置

⑦单击"数据透视表工具"下的"选项"选项卡,单击"计算"组中的"域、项目和集"功能项。弹出"插入计算字段"对话框,如图3.3.21所示,首先在名称后输入:营销费用(百万元),在处理公式的选项时,首先删除原有的数字0,保留等号,然后在下方的字段中找到"销售额(百万元)",选择插入字段按钮,接着在公式的后面输入*0.15,如图3.3.22所示,最后单击"确定"按钮。

图 3.3.21 计算字段

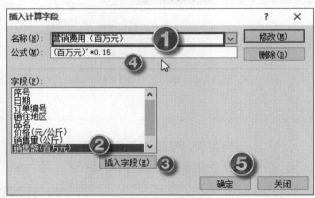

图 3.3.22 营销费用列设置

⑧任选A66:D74区域的某一单元格,打开"数据透视表工具"选项卡,在其"设计"选项卡下的"数据透视表样式"组中选择样式"数据透视表样式浅色13"修饰创建的数据透视表区域,如图3.3.23所示。

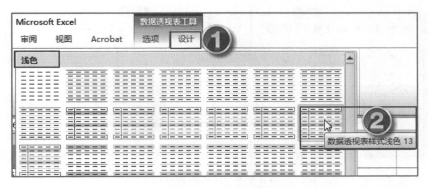

图 3.3.23 样式设置

【步骤 5】

①任选 A66:D74 区域的某一单元格,打开"数据透视表工具"选项卡,在其"选项"卡下的"工具"组中选择"数据透视图",打开"插入图表"对话框,选择"饼图",最后单击"确定"按钮,如图 3.3.24 所示。

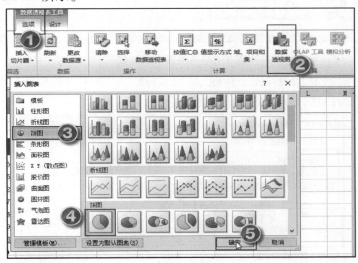

图 3.3.24 插入数据透视图

②单击"数据透视图工具"下的"分析"选项卡中的"字段按钮"功能项,选择"全部隐藏",如图 3.3.25所示,那么隐藏"字段按钮"前后的对比效果如图 3.3.26 所示。

③单击"数据透视图工具"下的"设计"选项卡的"图表布局"组中的"布局 1"效果,其他设置选择默认,如图 3.3.27 所示。

④单击"数据透视图工具"下的"布局"选项卡的"标签"组中的"数据标签"功能,选择"数据标签

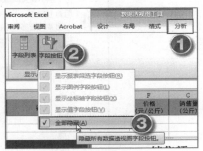

图 3.3.25 隐藏字段

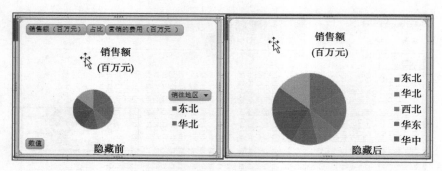

图 3.3.26　图表前后对比

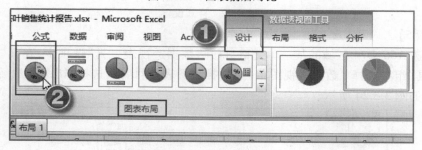

图 3.3.27　图表布局设置

内"选项。然后选择同组下的"图表标题"功能,选择"无"。单击数据透视图中的文字,把其字体颜色修改为白色,如图 3.3.28 所示。

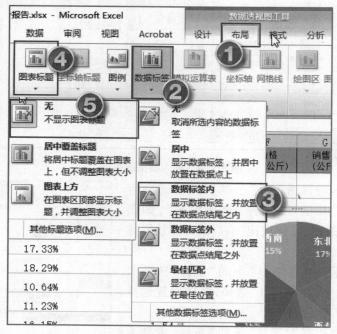

图 3.3.28　图表标题和标签设置

⑤单击数据透视图中的文字,把其字体颜色修改为白色。然后调整 E 列到 H 列的宽度,即 66 到 74 行的行高,使创建的数据透视图比较合适地显示在 E66:H74 区域内,如图 3.3.29所示。

【步骤6】

①选中 A1:H1 区域并复制,然后粘贴到A76:H76 区域。

分别在 B77 和 B78 单元格内填写"<2016/6/1"">2016/8/1";然后在 D77 和 D78 单元格中填写"华东""华中",如图 3.3.30 所示。

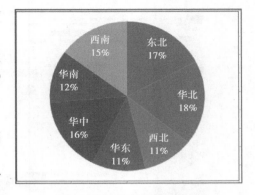

图 3.3.29　数据透视图效果

76	序号	日期	订单编号	销往地区	品名	价格 (元/公斤)	销售量 (公斤)	销售额 (百万元)
77		<2016-6-1		华东				
78		>2016-8-1		华中				

图 3.3.30　高级筛选条件设置

②任选 A2:H61 区域的一个单元格,单击"数据"选项卡下"排序和筛选"组的"高级"选项,打开"高级筛选"对话框。在"方式"选项下选择第二个选项,列表区域保持默认,条件区域选择 A76:H78;复制到选择 A80 单元格,如图 3.3.31 所示,最后单击"确定"后的效果如图 3.3.32 所示。

③选择第 76 到 78 行,单击鼠标右键,在弹出的菜单中选择"隐藏"功能。

【步骤7】

①单击"文件"选项卡,在窗口的右侧单击"属性",选择"高级属性";然后在弹出的对话框中选择"摘要"选项卡,接着在主题后填写"销售统计",如图 3.3.33 所示;最后单击"确定"按钮。

图 3.3.31　高级筛选设置

序号	日期	订单编号	销往地区	品名	价格 (元/公斤)	销售量 (公斤)	销售额 (百万元)
4	2016/1/20	A992-445	华东	碧螺春	¥　420	1674	0.70
25	2016/4/16	A621-577	华东	大红袍	¥　360	2868	1.03
28	2016/5/9	A883-535	华东	碧螺春	¥　420	1698	0.71
30	2016/5/11	A237-296	华东	大红袍	¥　360	4015	1.45
48	2016/8/29	A636-517	华中	铁观音	¥　490	3550	1.74
57	2016/11/29	A315-342	华中	大红袍	¥　360	2286	0.82

图 3.3.32　高级筛选结果

②选择"插入"选项卡下的"文本"组中的"页眉页脚"功能,进入页眉页脚编辑状态,如图 3.3.34 所示。页眉区直接填写:销售统计报告;填写页脚时首先找到"页眉页脚工具"的"设计"选项卡。先单击"页码"功能,然后输入"OF",接着单击"页数",最后完成输入。

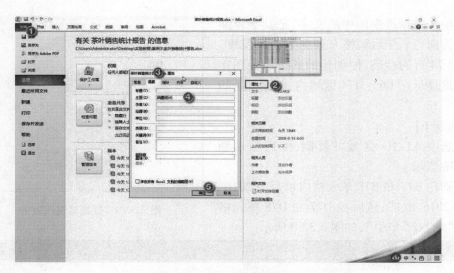

图 3.3.33　Excel 文件主题设置

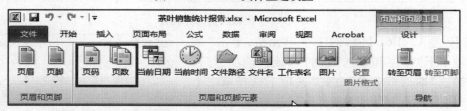

图 3.3.34　页眉页脚设置

③单击"视图"选项卡下的"普通"选项,切换回正常编辑模式,最后要再使用一次"冻结首行"功能。

【步骤 8】

①打开"页面布局"选项卡下的"页面设置"对话框,首先选中"工作表"选项卡,设置打印区域为 A1:H86;然后选中"页面"选项卡,在缩放比例处将数值设置为 90%,如图 3.3.35 所示。

（a）　　　　　　　　　　　　　　　　（b）

图 3.3.35　打印设置

②文件第二页的最终的效果如图 3.3.36 所示,按"Ctrl+S"组合键保存文件。

56	2016/11/29	A219-105	西南	碧螺春	¥	420	2612	1.10
58	2016/12/25	A325-605	西南	龙井	¥	280	2138	0.60
60	2016/12/31	A608-516	西南	普洱茶	¥	260	2073	0.54

日期	销售额统计	
2016-10-19	¥	3,076,080

地区	销售额（百万元）	占比	营销的费用（百万元）
东北	11.04064	17.33%	1.66
华北	11.64969	18.29%	1.75
西北	6.7808	10.64%	1.02
华东	7.15567	11.23%	1.07
华中	10.28613	16.15%	1.54
华南	7.26441	11.40%	1.09
西南	9.52774	14.96%	1.43
总计	63.70508	100.00%	9.56

序号	日期	订单编号	销往地区	品名	价格（元/公斤）		销售量（公斤）	销售额（百万元）
4	2016/1/20	A992-445	华东	碧螺春	¥	420	1674	0.70
25	2016/4/16	A621-577	华东	大红袍	¥	360	2868	1.03
28	2016/5/9	A883-535	华东	碧螺春	¥	420	1698	0.71
30	2016/5/11	A237-296	华东	大红袍	¥	360	4015	1.45
48	2016/8/29	A636-517	华中	铁观音	¥	490	3550	1.74
57	2016/11/29	A315-342	华中	大红袍	¥	360	2286	0.82

图 3.3.36　效果图

第4章 MS Office 2010 之 PowerPoint 实战训练

PowerPonint 2010 是 Office 2010 办公软件中的主要组件之一,主要用于演示文稿的制作,在演讲、教学、产品演示、工作汇报等方面有着广泛的应用。

PowerPonint 2010 继承了以前版本的各种优势,且在功能上有了很大的提高。比如,PowerPoint 2010 提供了全新的动态幻灯片切换和动画效果,看起来与在电视上看到的画面相似。可以轻松访问、预览、应用、自定义和替换动画。还可以使用新增动画刷轻松地将动画从一个对象复制到另一个对象;使用幻灯片节可以更高效地组织和打印幻灯片;使用大量附加 SmartArt 布局可以创建多种类型的图形,如组织结构图、列表和图片图表等创建文稿。

实验1 ××校园风光文稿制作

【实训目的】

1.掌握创建演示文稿的方法。
2.掌握新建、复制、删除、编辑幻灯片的基本方法。
3.掌握保存演示文稿的方法。

【实训内容】

1.幻灯片模板选择与设计。
2.幻灯片插入、删除、保存。
3.在幻灯片中插入图片、文本。
4.幻灯片放映。

【实训要求】

制作一个基于模板的校园风光电子相册,其效果如图4.1.1所示。

【实训步骤】

①单击"文件"选项卡→"新建"→"样本模板"→"现代型相册"。
②单击"文件"选项卡→"保存",在弹出的"另存为"对话框中设置保存位置和文件名,文件名为"校园风光电子相册.pptx"。
③按住"Ctrl"键,选择第5、6张幻灯片后按下"Delete"键将其删除。

图 4.1.1　××校园风光

④选择第 4 张幻灯片，单击鼠标右键选择"复制幻灯片"命令后会出现与第 4 张幻灯片一样的第 5、6 张幻灯片。

⑤选择第 1 张幻灯片，单击其中的图片按下"Delete"键将其删除，然后单击"插入来自文件的图片"按钮，在弹出的"插入图片"对话框中选择"校园风光"文件夹中的"A01.jpg"文件，单击"插入"按钮。

⑥在图片下方的文本占位符中单击鼠标，输入相册标题"校园风光电子相册"。

⑦用上述方法将第 2 张幻灯片中的图片更换为"校园风光"文件夹中的"A02.jpg"文件，单击图片右下角适当调整图片的大小和位置。

⑧在右边的文本占位符中输入相应的说明文字。

⑨用上述方法将第 3 张幻灯片中的图片更换为"校园风光"文件夹中的"A03.jpg""A04.jpg""A05.jpg"文件，单击图片右下角适当调整图片的大小和位置。

⑩在图片下方的文本占位符中输入"校园一角"。

⑪用上述方法分别将第 4、5、6 张幻灯片中的图片更换为"校园风光"文件夹中的"A06.jpg""A07.jpg""A08.jpg"文件，单击图片右下角适当调整图片的大小和位置。

⑫单击"幻灯片放映"→"从头放映"，观看电子相册的放映效果。

实验 2　制作××课件

李老师正在准备有关上课用的培训课件，相关资料存放在 Word 文档"案例 2 素材.docx"中。按下列实验内容帮助李老师完成 PPT 课件的整合制作。

【实训目的】

1.掌握 Word 与 PPT 的转换方法。

2.熟悉设置幻灯片的版式。

3.熟悉掌握动画效果。

4.熟练掌握 SmartArt 图形在幻灯片上应用。

5.熟练掌握超链接的使用。

6.熟练掌握幻灯片母版的应用。

7.掌握幻灯片的分节。

【实训内容】

①创建一个名为"××课程.pptx"的新演示文稿,该演示文稿需要包含 Word 文档"案例 2 素材.docx"中的所有内容,每 1 张幻灯片对应 Word 文档中的一页,其中 Word 文档中应用了"标题 1""标题 2""标题 3"样式的文本内容分别对应演示文稿中的每页幻灯片的标题文字、第一级文本内容、第二级文本内容。

②将第 1 张幻灯片的版式设为"标题幻灯片",在该幻灯片的右下角插入任意一幅剪贴画,依次为标题、副标题、图片三部分,设置"飞入"动画效果。副标题必须"作为一个对象"进入幻灯片,且三者进入幻灯片的顺序依次是图片、副标题、标题。

③将第 2 张幻灯片的版式设为"两栏内容",参考原 Word 文档"案例 2 素材.docx"第 2 页中的图片将文本分置于左右两栏文本框中,并分别依次转换为"垂直项目符号列表"和"射线维恩图"类的 SmartArt 图形,适当改变 SmartArt 图形的样式和颜色,令其更加美观。

④分别将文本"专业标准"和"企业最新技术"链接到相同标题的幻灯片。

⑤将第 3 张幻灯片中的第 2 段文本向右缩进一级、用标准红色字体显示,并为其中的网址增加正确的超链接,使其链接到相应的网站,要求超链接颜色未访问前保持为标准红色,访问后变为标准蓝色。为本张幻灯片的标题和文本内容添加不同的动画效果,并令正文文本内容按第二级段落、伴随着"捶打"声逐段显示。

⑥在每张幻灯片的左上角添加事务所的标志图片 Logo.jpg,设置其位于最底层以免遮挡标题文字。除标题幻灯片外,其他幻灯片均包含幻灯片编号、自动更新的日期、日期格式为××××年××月××日。

⑦将演示文稿按分为 4 节:第一节"××课程简介";第二节"行业、企业最新技术要求";第三节"岗位技能要求";第四节"学生技能训练"。分别为每节应用不同的设计主题和幻灯片切换方式。

⑧保存。

【实训步骤】

【步骤 1】

①首先打开"案例 2 素材.docx"文档,单击"自定义快速访问工具栏"右侧的小三角形,在弹出的列表中选择"其他命令"功能项,如图 4.2.1 所示。

②在弹出的"Word 选项"对话框中,首先从下列位置选项命令中选择"不在功能区中的命令",然后在下方的列表中选中"发送到 Microsoft PowerPoint"选项,接着单击"添加"

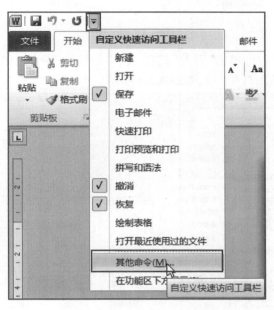

图 4.2.1　打开"自定义快速访问工具栏"

按钮把该选项添加到右侧列表中,最后单击"确定"按钮关闭"Word 选项"对话框,如图4.2.2所示。

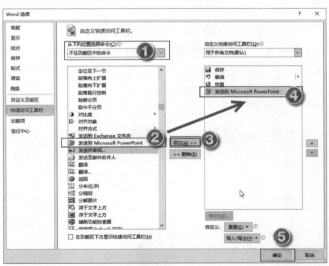

图 4.2.2　自定义快速访问工具栏设置

③此时在"自定义快速访问工具栏"中会多出"发送到 Microsoft PowerPoint"的工具,设置前后情况对比如图 4.2.3 所示,单击即可将Word 文档内容发送到新建的"演示文稿 1"中。

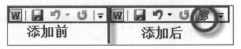

图 4.2.3　自定义前后对比

④在幻灯片中单击"文件"选项卡下的"另存为"选项,并将其命名为"高新技术企业

科技政策介绍.pptx"。

【步骤2】

①选中第一张幻灯片,单击"开始"选项卡中"幻灯片"分组中的"版式"下拉按钮,在下拉列表中选择"标题幻灯片"项,如图4.2.4所示。

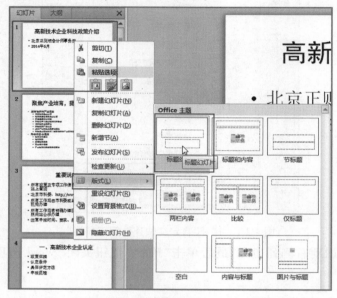

图4.2.4 版式设置

②单击"插入"选项卡中"图像"分组中的"剪贴画"按钮,打开"剪贴画"任务窗格,单击"搜索"按钮,选择任意一张剪贴画,将图片移至右下角,如图4.2.5所示。

图4.2.5 插入剪贴画

③选择第一张幻灯片中的"标题",单击"动画"选项卡中"动画"分组中的"飞入"动画,如图4.2.6所示;以同样的方式,给副标题添加"飞入"动画,然后选择"动画"分组中的

"效果选项"下拉按钮,选择下拉列表中"序列"中的"作为一个对象"按钮,如图 4.2.7 所示,接着再给图片添加"陀螺旋"动画。

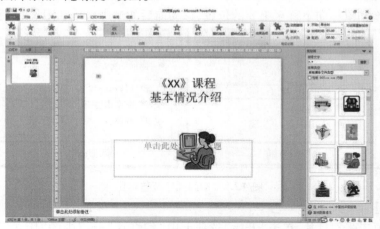

图 4.2.6　"飞入"动画

图 4.2.7　效果选项设置

④单击"动画"选项卡的"高级动画"组的"动画窗格"按钮,在窗口的右侧弹出"动画窗格"列表。选中"3 Picture 2"选项,拖动鼠标向上移至第 1 的位置,然后选中"2 标题 1 高…"选项,拖动鼠标向下移至第 3 的位置,移动前后的顺序对比如图 4.2.8 所示。

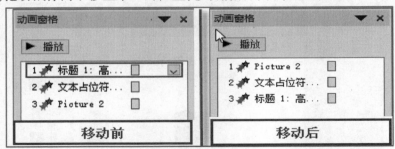

图 4.2.8　动画顺序调整对比

【步骤 3】

①选择第二张幻灯片,单击"开始"选项卡中"幻灯片"分组中的"版式"下拉按钮,选择"两栏内容"。

②选择第 2 个一级文本及下面的段落,即"科技服务业促进……"到结束,将其剪切到右边的占位符中,完成内容的分栏,幻灯片效果如图 4.2.9 所示。

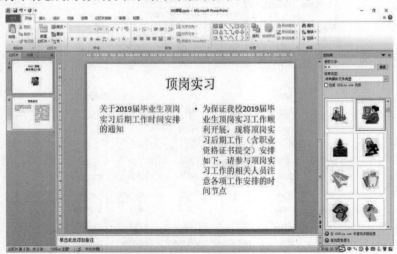

图 4.2.9　两栏内容版式

③选择左边占位符中所有的文本,选择"开始"选项卡中"段落"分组中的"转换为SmartArt 图形"下拉按钮,在下拉列表中选择"其他 SmartArt 图形",如图 4.2.10 所示,在弹出的"选择 SmartArt 图形"对话框中,选择列表中的"垂直项目符号列表",将选中的内容转化为"垂直项目符号列表"的 SmartArt 图形,整个操作如图 4.2.11 所示。

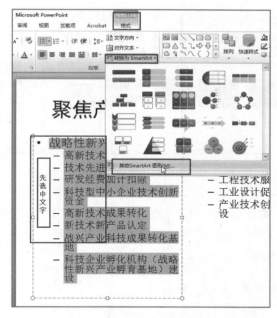

图 4.2.10　文本转 SmartArt 图形

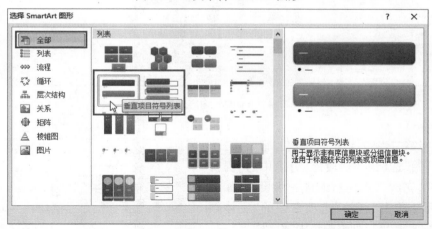

图 4.2.11　SmartArt 图形选择

④选择"SmartArt 工具"的"设计"选项卡，单击"SmartArt 样式"中的"更改颜色"下拉按钮，在下拉列表中选择"彩色-强调文字颜色"，如图 4.2.12 所示，在"SmartArt 样式"组合框中选择"平面场景"样式，如图 4.2.13 所示，完成左侧 SmartArt 设置。

⑤选择右边占位符中所有的文本，将其转化为"关系"中的"射线维恩图"，选择"更改颜色"为"彩色范围-强调文字颜色 5"，选择样式

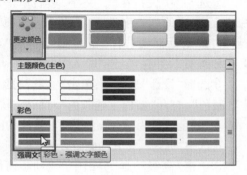

图 4.2.12　更改颜色

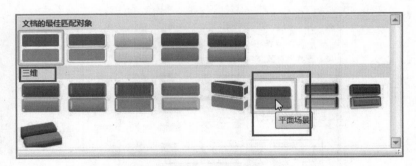

图 4.2.13 三维效果设置

为"卡通",完成右侧 SmartArt 设置。

【步骤 4】选择指定文字,单击"插入"选项卡中"链接"分组中的"超链接"按钮,打开"插入超链接"对话框,选择"链接到"中的"本文档中的位置",如图 4.2.14 所示,单击"确定"按钮即完成文本超链接的添加。

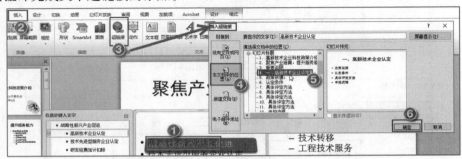

图 4.2.14 SmartArt 内容超链接设置

【步骤 5】

①选择第三张幻灯片,选中第二段文本,然后单击"开始"选项卡中"段落"分组中的"提升列表级别",完成文本向右缩进一级设置,如图4.2.15 所示。单击"开始"选项卡中的"字体颜色"下拉按钮,在下拉列表中选中"红色"。

②选中"中关村在线"文字,然后单击鼠标右键,在弹出的列表中选择"超链接"选项。在"超链接"对话框中选择"链接到:"中的"现有文件和网页",并在地址中输入"http://www.zol.com.cn(中关村在线)"。

图 4.2.15 提高列表级别

③选择"设计"选项卡,单击"主题"分组中的"颜色"下拉按钮,在下拉列表中选择"新建主题颜色",打开"新建主题颜色"对话框,将"超链接"颜色设置为"标准色红色",将"已访问超链接"颜色设置为"标准色蓝色",修改的图形界面如图 4.2.16 所示,单击"保存"按钮。

④选中"标题",将其动画设置为"飞入",选中正文文本占位符,将其动画设置为"浮入"。

⑤单击"高级动画"分组中的"动画窗格"按钮,打开"动画窗格"对话框,单击"2 文本

占位符"后的倒三角,单击"效果选项"按钮,如图4.2.17所示。

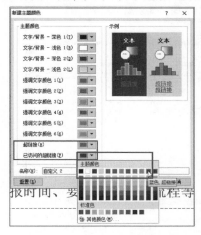

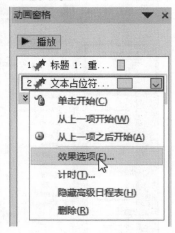

图4.2.16　超链接内容颜色设置　　　　图4.2.17　动画窗格的效果选项

⑥在弹出的"上浮"对话框中单击"效果"选项卡,在"声音"后面选择"捶打"项,单击"正文文本动画"选项卡,在"组合文本"中选择"按第二级段落"项,如图4.2.18所示,单击"确定"按钮。

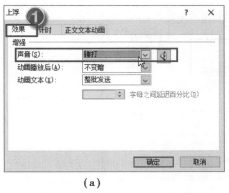

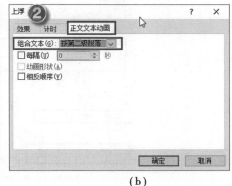

（a）　　　　　　　　　　　　　（b）

图4.2.18　上浮动画效果设置

【步骤6】

①单击"视图"选项卡中"母版视图"分组中的"幻灯片母版"按钮,进入"幻灯片母版"视图,如图4.2.19所示。

②单击最上面的母版幻灯片,然后选择"插入"选项卡,单击"图像"分组中"图片"按钮,打开"插入图片"对话框,选择考生文件夹中的"Logo.jpg",如图4.2.20所示,并将该图片

图4.2.19　打开幻灯片母版

移至左上角,设置完毕后单击"关闭母版视图"按钮。

③单击"插入"选项卡中"文本"分组中的"页眉和页脚"按钮。勾选"日期和时间"复选

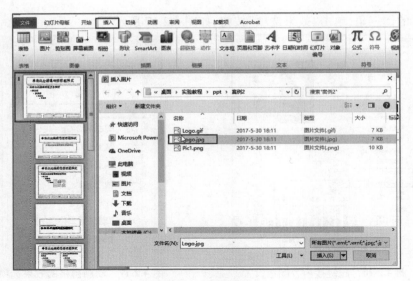

图 4.2.20　母版添加图片

框,选择"自动更新"选项,在下面的组合框中选择"××××年××月××日"格式的日期,选中"幻灯片编号"和"标题幻灯片中不显示"复选框,如图 4.2.21 所示,单击"全部应用"按钮。

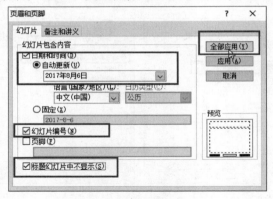

图 4.2.21　页眉页脚设置

【步骤7】

①选择第 1 张幻灯片,单击"开始"选项卡中"幻灯片"分组中的"节"下拉按钮,在下拉列表中选择"新增节",然后单击"节"下拉按钮,在下拉列表中选择"重命名节"命令,在"重命名节"对话框中输入新名称,单击"重命名"完成第 1 节设置。

②按照上述操作,分别完成其余内容节的添加。

③单击"幻灯片"分组中的"节"下拉按钮,在下拉按钮中选择"全部折叠"命令。然后选中第 1 节,单击"设计"选项卡中"主题"分组中的一种主题(例如:角度)。单击选中"切换"选项卡中的"切换到此幻灯片"分组中的一种切换效果。

④按照上述操作步骤完成其余内容的切换设置。

【步骤8】保存并关闭演示文稿文件。

第5章 计算机网络应用

实验1 IP 地址配置与网络方案

【实训目的】

1.了解网络环境。

2.掌握 IP 地址的配置方式。

3.掌握局域网中资源共享和访问。

【实训内容】

1.设置网络环境。

2.配置 TCP/IP 协议。

3.访问局域网资源。

【实训步骤】

1.设置网络环境

①查看网络状态。

【步骤1】选择"开始"→"控制面板"→"网络和共享中心"命令。

【步骤2】打开"更改适配器设置",窗口显示的是本计算机所有已经安装的网络设备。

【步骤3】双击"本地连接"图标,可以右键打开"本地连接"的"状态"对话框,如图5.1.1所示。如果是无线连接,可以双击"无线网络连接",如图 5.1.2 所示。

在"常规"选项卡中可以查看到上网时间为"10∶48∶27",网络速率为"150.0 Mbps"。另外也可以查看当前计算机的活动状态以及发送数据包和接收数据包的情况。

②禁用/启用网络。

图 5.1.1　"本地连接状态"对话框　　　　　图 5.1.2　"无线网络连接 2 状态"对话框

【步骤 1】在"本地连接状态"对话框中单击"禁用"按钮,可以中断计算机的连接。禁用以后本地连接 2 显示为灰色图标,如图 5.1.3 所示。

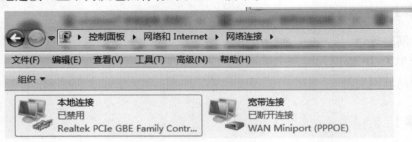

图 5.1.3　禁用本地连接

【步骤 2】在"本地连接"图标上右击,在弹出的快捷菜单中选择"启用"命令,可以再次启用网络连接,如图 5.1.4 所示。

图 5.1.4　启用本地连接

③查看网卡的连接状况。

【步骤 1】在图 5.1.5 所示的"本地连接状态"对话框中单击"属性"按钮,打开"本地连接-属性"对话框。

【步骤 2】单击"配置"按钮,打开适配器属性对话框,如图 5.1.6 所示。从该对话框中可以查看网卡类型以及网卡工作是否正常。

图 5.1.5　本地连接属性框　　　　　　图 5.1.6　网络适配器属性

2.配置 TCP/IP 协议

①查看 IP 地址信息。

查看并记录计算机当前 IP 信息,包括 IP 地址、网关地址、子网掩码。其操作如下所述。

方法一:

在"本地连接"的"状态"对话框中单击"详细信息"按钮可以查看 IP 地址信息详细内容,如图 5.1.7 所示。

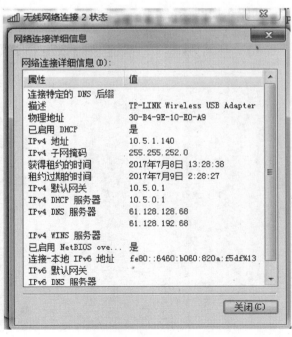

图 5.1.7　查看 IP 地址信息

方法二:

【步骤1】单击屏幕左下角的"开始"图标,在弹出的运行框里输入"CMD",调出 dos 命令运行窗口,如图 5.1.8 所示。

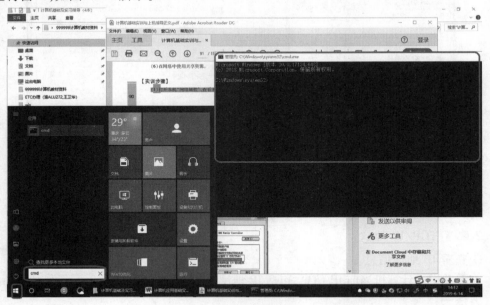

图 5.1.8　命令运行窗口

【步骤2】在弹出的行窗口中输入命令:ipconfig,然后回车,即可查询到我们需要的 IP 地址及子网掩码等信息,如图 5.1.9 所示。

图 5.1.9　使用命令查询本机 IP 地址

②配置 IP 地址。

【步骤1】打开本机"网络属性",查看和设置计算机绑定的网络服务、客户端组件、协议,记下计算机中所使用的协议名称,确保两台计算机安装了相同协议。单击"开始"→"控制面板"→"网络和 Internet"→"查看网络状态和任务"→"本地连接",单击"属性",找到 TCP/IP 协议,进行查看和设置如图5.1.10 所示。

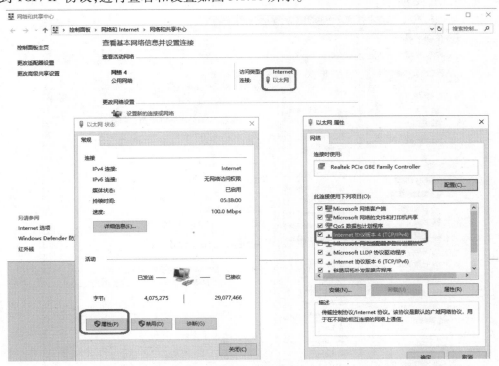

图 5.1.10　调出 IP 地址设置选项

【步骤2】在弹出的 IP 地址设置窗口里面根据网络管理员的要求设置相应的 IP 地址等参数,如图5.1.11所示。

【步骤3】然后单击"确定"按钮,即可完成相关设置,网络连通。

③查看和确认网络服务,方法同上,确保两台计算机安装了相同服务。

④鼠标右击"计算机",在弹出的快捷菜单中选择"属性"命令,记录两台计算机的名称,并确保工作组名称一样。

⑤如有确保连接到同一路由器或交换机中的两台计算机连通,就首先要确保 IP 地址在同一个网段,子网掩码、网关一致。

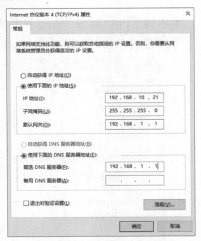

图 5.1.11　设置 IP 地址等网络参数

3.访问局域网资源

①共享服务。

【步骤1】在C盘新建文件夹file，在file中新建文件myfile.txt。

【步骤2】选中文件夹file并右击，在弹出的快捷菜单中选择"属性"，打开文件属性对话框，如图5.1.12所示。

图5.1.12　文件属性对话框

【步骤3】在"共享"选项卡中选中"共享"选项卡，如图5.1.13所示。

【步骤4】单击"共享"按钮，选择要与其共享的用户，单击确定"共享"，如图5.1.14所示。

图5.1.13　共享选项卡

图5.1.14　文件共享

【步骤5】单击"高级共享",将"共享此文件夹"打钩选中,如图5.1.15所示。

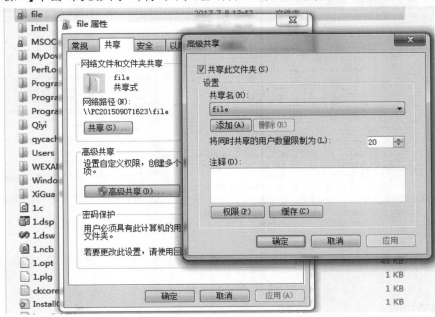

图 5.1.15　高级共享

【步骤6】单击"添加",可修改共享名、权限、用户数限制等内容。例如"权限"可以设置:网络用户不仅可以访问、下载该文件夹中的内容,而且还可以更改该文件夹中的内容,如添加或删除等操作,如图5.1.16所示。

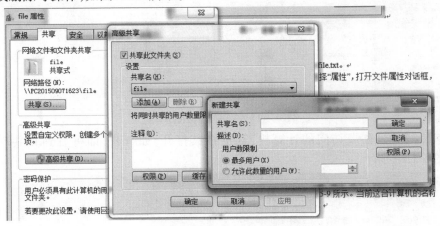

图 5.1.16　新建共享

【步骤7】右击"计算机"图标,在弹出的快捷菜单中选择"属性"命令,单击"高级系统设置"按钮,在"计算机名"选项卡中查看当前计算机名称,如图5.1.17所示。

图 5.1.17　"系统属性"对话框

②网络访问。

方法：

【步骤1】在局域网其他计算机上，打开"开始"菜单，选择"网络"，在窗口即可显示当前工作组中的所有计算机，如图 5.1.18 所示。

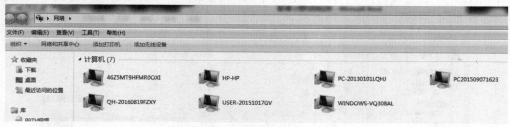

图 5.1.18　当前工作组计算机

【步骤2】找到需要访问的计算机，双击将其打开，如打开，即可看到其共享文件夹 file，如图 5.1.19 所示。

图 5.1.19　通过网络访问共享文件夹

【步骤 3】打开 file 文件中的文件"myfile.txt",输入"我已修改",保存并关闭该文件,如图 5.1.20 所示。

图 5.1.20　修改共享文件

实验 2　常用网络命令

【实训目的】

1.掌握使用 Ping 命令,并能使用 Ping 命令检查网络故障。

2.掌握使用 Ipconfig 命令查看 TCP/IP 网络配置值。

【实训内容】

1.Ping 命令。

2.Ipconfig 命令。

【实训步骤】

1.Ping 命令

Ping 是一个使用频率极高的实用程序,用于确定本地主机是否能与另一台主机交换数据报。根据返回的信息就可以推断 TCP/IP 参数是否设置得正确以及运行是否正常。

(1)验证网卡工作正常与否

【步骤 1】选择"开始"→"运行"命令,在打开的"运行"对话框中输入"cmd",单击"确定"按钮进入命令提示符状态,如图 5.2.1 所示。

【步骤 2】在 DOS 提示符后输入"Ping 10.5.1.140"(本机 IP 地址)后按"Enter"键。若出现如图 5.2.2 所示内容,则说明网卡工作正常。若出现如图 5.2.3 所示内容,则说明网卡工作不正常。

(2)验证网络线路正常与否

【步骤 1】选择"开始"→"运行"命令,在打开的"运行"对话框中输入"cmd",单击"确定"按钮进入命令提示符状态。

图 5.2.1　"运行"对话框

图 5.2.2　网卡工作正常

图 5.2.3　网卡工作不正常

【步骤2】在 DOS 提示符后输入"Ping 10.5.0.1"（网关）后按"Enter"键运行，若出现如图5.2.4 所示内容，则说明网卡工作正常。若出现如图 5.2.5 所示内容，则说明网卡工作不正常。

（3）验证 DNS 配置正确与否

【步骤1】选择"开始"→"运行"命令，在打开的"运行"对话框中输入"cmd"，单击"确

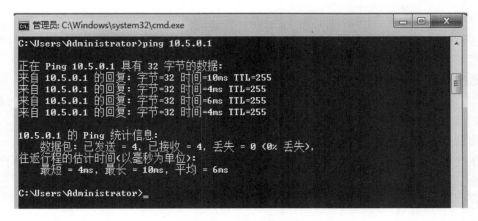

图 5.2.4 网卡工作正常

图 5.2.5 网卡工作不正常

定"按钮进入命令提示符状态。

【步骤 2】在 DOS 提示符后输入"Ping 61.128.128.68"后按"Enter"键,出现如图 5.2.6 所示内容,说明 DNS 服务器配置正确,否则说明 DNS 服务器配置错误。

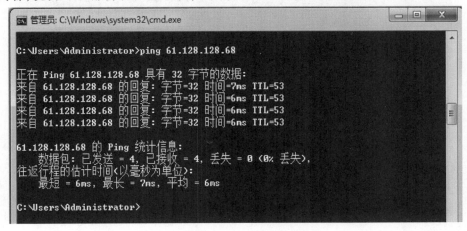

图 5.2.6 DNS 服务器配置正确

（4）Ping 本机 IP 地址

【方法 1】再选择"开始"→"运行"命令，在打开的"运行"对话框中输入"cmd"，单击"确定"按钮进入命令提示符状态。

然后在窗口里面输入"Ping 192.168.10.68"（假定本机 IP 地址为这个）。

【方法 2】再选择"开始"→"运行"命令，在打开的"运行"对话框中输入"cmd"，单击"确定"按钮进入命令提示符状态。

然后在窗口里面输入"Ping 127.0.0.1"。

在这里，如果不知道本机 IP 地址是什么，可以选择 Ping 地址，这时会直接返回到本机地址。

2.Ipconfig 命令

Ipconfig 是内置于 Windows 的 TCP/IP 应用程序，用于显示本地计算机网络适配器的物理地址和 IP 地址等配置信息。这些信息一般用来检验手动配置的 TCP/IP 设置是否正确。当在网络中使用 DHCP 服务时，Ipconfig 可以检测到计算机中分配到了什么 IP 地址，是否配置正确，并且可以释放、重新获取 IP 地址。这些信息对于网络测试和故障排除都有重要的作用。

（1）Ipconfig 返回 TCP/IP 网络配置基本信息

【步骤 1】选择"开始"→"运行"命令，在打开的"运行"对话框中输入"cmd"，单击"确定"按钮进入命令提示符状态。

【步骤 2】在 DOS 提示符下输入"Ipconfig"后按"Enter"键，可以显示当前计算机的 IP 地址信息等，如图 5.2.7 所示，此时可看到 IP 地址、子网掩码、网关。

图 5.2.7　当前网络参数配置

（2）Ipconfig/all 返回给出所有连接的详细配置报告

【步骤1】选择"开始"→"运行"命令，在打开的"运行"对话框中输入"cmd"，单击"确定"按钮进入命令提示符状态。

【步骤2】在 DOS 提示符下输入"Ipconfig/all"后按"Enter"键，将给出所有接口的详细配置报告，包括任何已配置的串行端口，如图5.2.8所示。

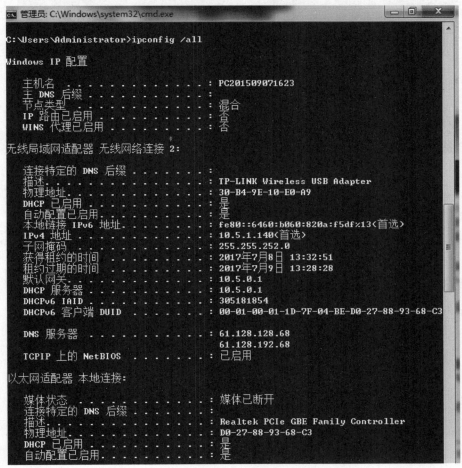

图 5.2.8　当前所有网络参数配置

3.net share 命令

查看用户的机器已经开启的共享资源有哪些？

【步骤1】选择"开始"→"运行"命令，在打开的"运行"对话框中输入"cmd"，单击"确定"按钮进入命令提示符状态。

【步骤2】在 DOS 提示符下输入"net share"后按"Enter"键，即显示本机的所有已经开启的共享资源，如图5.2.9所示。

同样，也可以直接用命令的方式关闭已经开启的共享资源，这时只需要执行 net share 命令即可，如"net share c ＄/d"，如图5.2.10所示。

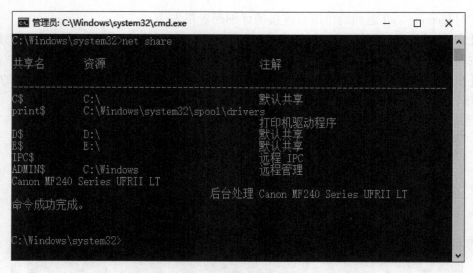

图 5.2.9　查看本机开启的共享资源

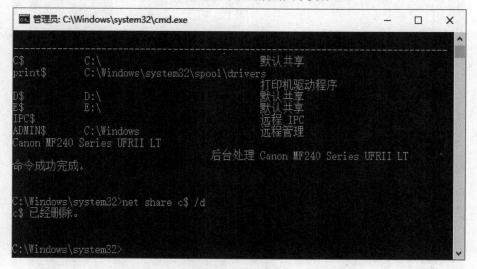

图 5.2.10　删除本机已经开启的共享资源

第6章　信息安全与防护实训

实验1　文件加密防护

【实训目的】

熟悉 Windows 7 系统下的文件加密。

【实训内容】

1.搭建实训环境。

2.加密文件和文件夹。

3.备份加密证书。

4.验证加密。

【实训步骤】

要求：

①他盘(示例图中为 H 盘)下创建一个文件夹并命名为"绝密"。

②在该文件夹下创建一个二级文件夹并命名为"高度绝密"。

③在"绝密"文件下创建一个 Word 文件并命名为"私人日记.docx"(该文件内容为：你好,你上当了,这个文件什么内容也没有)。

④复制"私人日记.docx"文件到"高度绝密"文件夹,并重命名为"我的日记.docx"。

⑤加密"高度绝密"文件夹及其之下的所有子文件夹和文件。

⑥证书文件备份到"绝密"文件夹下(文件名为"加密证书.pfx")。

⑦用户登录,验证"高度绝密"文件夹下的"我的日记.docx"文件是否可正常阅读。

【实训步骤】

①创建"绝密"文件夹(略)。

②在"绝密"文件夹下创建"高度绝密"文件夹(略)。

③在"高度绝密"文件夹下创建"私人日记.docx"(略)。

④复制"私人日记.docx"文件到"高度绝密"文件夹,并重命名为"我的日记.docx"(略)。

⑤加密"高度绝密"文件夹及其之下的所有子文件夹和文件。

a.用鼠标选中"高度绝密"文件夹。

b.单击鼠标右键,在弹出的菜单中选择最后一个命令,即"属性"命令,如图6.1.1所示。

c.在图6.1.1中单击"高级(D)…"按钮,将弹出如图6.1.2所示的"高级属性"对话框。

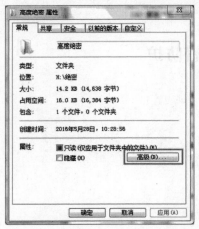

图6.1.1 "高度绝密属性"窗口

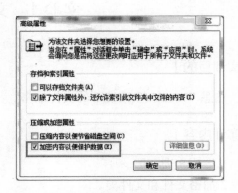

图6.1.2 "高级属性"对话框

d.在图6.1.2中,勾选"加密内容以便保护数据(E)"复选框,然后单击"确定"按钮,再次单击图6.1.1中的"确定"按钮。

e.将弹出如图6.1.3所示的"确认属性更改"对话框,用鼠标选中"将更改应用于此文件夹、子文件夹和文件"单选按钮,单击"确定"按钮,将对文件夹进行加密。

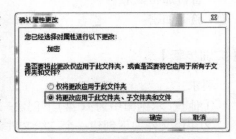

图6.1.3 "确认属性更改"对话框

实验2 文件夹权限设置

【实训目的】

熟悉文件或文件夹权限的设置。

【实训内容】

1.搭建实训环境。

2.设置文件夹权限。

3.验证权限。

【实训要求】

1.创建用户和组

创建两个普通组：测试账户组、临时用户，皆属于 users 组；创建两个用户 AAA、BBB，AAA 属于测试账户组，BBB 属于临时用户组，密码皆为 123。

2.创建文件夹和文件

在 D 盘或其他地方创建两个文件夹 CCC、DDD，在 CCC 文件夹下创建 pp 文件夹，并在 pp 文件夹下创建一个内容为"测试内容××××！"，名为"测试.docx"的文件；在 DDD 文件下创建"临时文件夹 1"，并在 DDD 文件夹下创建一个内容为"××公司临时文档"，名为"临时文档.docx"的文件。

3.设置文件夹权限

组 Administrator、测试账户组完全控制，用户 AAA 读取和执行、列出文件夹内容和读取，其他用户和组无任何权限，不继承任何权限。

4.设置 DDD 文件夹权限

组 Administrator、BBB 完全控制，组临时用户读取和执行、列出文件夹内容和读取，其他用户和组无任何权限，不继承任何权限。

5.最后测试

看各用户是否具有查看和修改相应文件夹和文件的权限。

【实训步骤】

1.创建用户和组

①选中桌面上的"计算机"图标，单击鼠标右键，在弹出的快捷菜单中选择"管理"命令，此时将弹出计算机管理窗口，如图 6.2.1 所示。

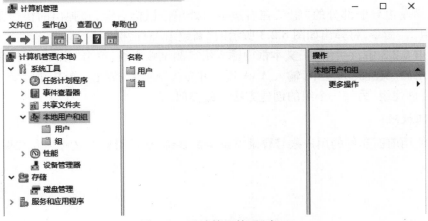

图 6.2.1　"计算机管理"窗口

②展开左边导航中的"本地用户和组",选中"用户",在右边空白处单击鼠标右键,在弹出的快捷菜单中选择"新建用户…"命令,将弹出如图 6.2.2 所示的"新用户"对话框。

③在图 6.2.2 中输入用户名,并输入两次相同的密码,取消勾选"用户下次登录时须更改密码"复选框,最后单击"创建"按钮可创建一个新用户。一般情况下,新用户创建好后即默认就属于 user 组,另一个用户的创建过程与此类似。

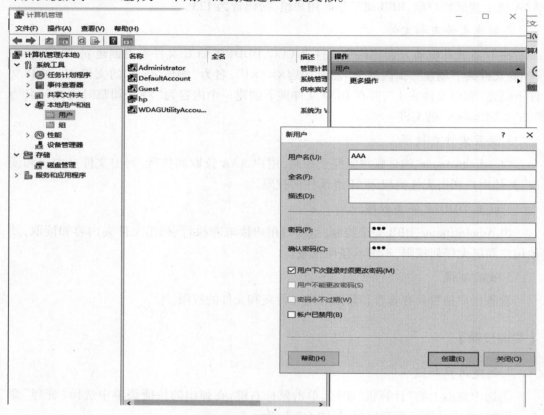

图 6.2.2　创建"新用户"对话框

④选择左边导航部分的"组",在右边空白处单击鼠标右键,在弹出的快捷菜单中选择"新建组…"命令,将弹出如图 6.2.3 所示的"新建组"对话框。

⑤在图 6.2.3 中,在"组名"文本框中输入组名测试账户组,单击"添加…"按钮为该组添加一个用户。在图 6.2.4 中,输入 AAA 用户并单击"确定"按钮。单击图 6.2.3 中的"创建"按钮可创建组,另外一个组的创建方法与此类似。

2.验证权限

分别使用前面建好的用户账号登录 Windows 系统,访问对应的文件夹和文件,以验证权限设置。

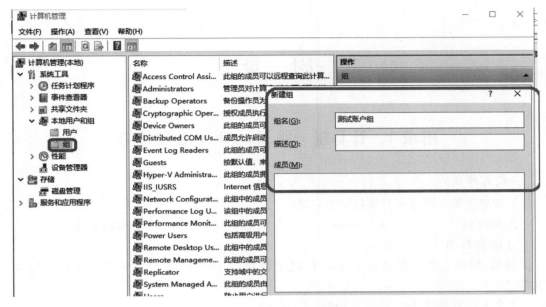

图 6.2.3 "新建组"对话框

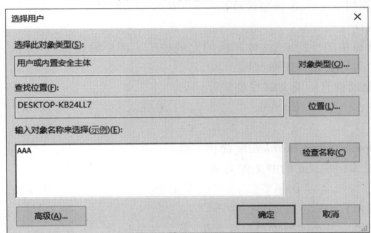

图 6.2.4 "选择用户"对话框

附 录

附录 1 计算机一级 MS Office 真题练习

一、选择题

1.世界上第一台电子计算机的名字是(　　　)。

A.EDVAC　　　　　B.ENIAC　　　　　C.EDSAC　　　　　D.MARK-Ⅱ

正确答案:B

解析:世界上第一台名为 ENIAC 的电子计算机于 1946 年诞生于美国宾夕法尼亚大学。

2.个人计算机属于(　　　)。

A.小型计算机　　　B.巨型计算机　　　C.大型主机　　　D.微型计算机

正确答案:D

解析:从计算机的性能来看,计算机的发展经历了四个阶段,即巨型机、大型机、小型机、微型机。个人计算机属于微型机。

3.计算机辅助教育的英文缩写是(　　　)。

A.CAD　　　　　　B.CAM　　　　　　C.CAE　　　　　　D.CAI

正确答案:D

解析:Computer Aided Instruction,简称 CAI。

4.在计算机术语中,bit 的中文含义是(　　　)。

A.位　　　　　　　B.字节　　　　　　C.字　　　　　　　D.字长

正确答案:A

解析:计算机中最小的数据单位称为位,英文名是 bit。

5.二进制数 00111101 转换成十进制数是(　　　)。

A.58　　　　　　　B.59　　　　　　　C.61　　　　　　　D.65

正确答案:C

解析:二进制数 00111101 转换成十进制数为 111101B $= 1\times2^5+1\times2^4+1\times2^3+1\times2^2+0\times2^1+1\times2^0 = 32+16+8+4+0+1 = 61$。

6.在下面 4 条常用术语的叙述中,有错误的一条是(　　　)。

A.光标是显示屏上指示位置的标志

B.汇编语言是一种面向机器的低级程序设计语言,用汇编语言编写的源程序计算机能直接执行

C.总线是计算机系统中各部件之间传输信息的公共通路

D.读写磁头是既能从磁表面存储器读出信息又能把信息写入磁表面存储器的装置

正确答案:B

解析:汇编语言是一种面向机器的低级程序设计语言,但是用汇编语言编写的源程序计算机不能直接执行,要编译成机器语言,故选 B。

7.与十六进制数值 CD 等值的十进制数是(   )。

A.204   B.205   C.206   D.203

正确答案:B

解析:略。

8.在微型计算机中,应用最普遍的西文字符编码是(   )。

A.BCD 码   B.汉字内码   C.ASCⅡ编码   D.国标码

正确答案:C

解析:略。

9.标准 ASCⅡ编码字符集共有(   )个编码。

A.128   B.52   C.34   D.32

正确答案:A

解析:ASCII 码给大小写英文字母、阿拉伯数字、标点符号及控制符等特殊符号规定了编码,共 128 个字符。故本题答案选 A。

10.下列关于存储的叙述中,正确的是(   )。

A.CPU 能直接访问存储在内存的数据,也能直接访问存储在外存中的数据

B.CPU 不能直接访问存储在内存的数据,能直接访问存储在外存中的数据

C.CPU 只能直接访问存储在内存的数据,不能直接访问存储在外存中的数据

D.CPU 既不能直接访问存储在内存的数据,也不能直接访问存储在外存中的数据

正确答案:C

解析:CPU 只能直接访问存储在内存的数据,不能直接访问存储在外存中的数据。当 CPU 需要访问外存数据时,需要先将数据读入内存中,然后 CPU 再从内存中访问该数据,当 CPU 要输出数据时,也是先写入内存,然后再由内存写入外存中。

11.微型计算机主机的主要组成部分有(   )。

A.运算器和控制器   B.CPU 和硬盘

C.CPU 和显示器   D.CPU 和存储器

正确答案:D

解析:略。

12.通常用 MIPS 为单位来衡量计算机的性能,它指的是计算机的(   )。

A.传输速率   B.存储容量   C.字长   D.运算速度

正确答案:D

解析:略。

13.DRAM 存储器的中文含义是(   )。

A.静态随机存储器   B.动态随机存储器

C.动态只读存储器   D.静态只读存储器

正确答案:B

解析:略。

14.SRAM 存储器是(   )。

A.静态随机存储器   B.动态随机存储器

C.动态只读存储器   D.静态只读存储器

正确答案:A

解析:略。

15.通常所说的 I/O 设备是指(   )。

A.输入输出设备   B.通信设备   C.网络设备   D.控制设备

正确答案:A

解析:略。

16.微型计算机硬件系统中最核心的部件是(   )。

A.主板   B.CPU   C.内存储器   D.I/O 设备

正确答案:B

解析:略。

17.微型计算机的主机包括(   )。

A.运算器和显示器   B.CPU 和内存储器 C.CPU 和 UPS   D.UPS 和内存储器

正确答案:B

解析:略。

18.下列各组设备中,全部属于输入设备的一组是(   )。

A.键盘、磁盘和打印机   B.键盘、扫描仪和鼠标

C.键盘、鼠标和显示器   D.硬盘、打印机和键盘

正确答案:B

解析:常用的输入设备主要有键盘、鼠标、扫描仪、条形码输入器;常用的输出设备主
要有显示器、打印机、绘图仪。

19.操作系统的功能是(   )。

A.将源程序编译成目标程序

B.负责诊断计算机的故障

C.控制和管理计算机系统的各种硬件和软件资源的使用

D.负责外设和主机之间的信息交换

正确答案:C

解析:略。

20.将高级语言编写的程序翻译成机器语言程序,采用的两种翻译方法是(   )。

A.解释和编译   B.解释和汇编   C.连接和编译   D.连接和汇编

正确答案:A

解析:计算机不能直接识别并执行高级语言编写的源程序,必须借助另外一个翻译程

序对它进行翻译,把它变成目标程序后,机器才能执行,在翻译过程中通常采用两种方式:解释和编译。

二、基本操作题

1.在考生文件夹下 JIBEN 文件夹中创建名为 A2TNBQ 的文件夹,并设置属性为隐藏。

2.将考生文件夹下 AAA 文件夹中的 help.bas 文件复制到同一文件夹中,文件名为 rhl.bas。

3.为考生文件夹下 KAOSHI 中的 BBB.exe 文件建立快捷方式,命名为 CCC,并存放在考生文件夹下。

4.将考生文件夹下 DDD 文件夹下的公司业绩.xlsx 文件移动到考生文件夹下并命名为业绩资料.xlsx。

5.删除考生文件夹下 EEE 文件夹下的 WINDOWS.bak 文件。

附录2　全国计算机等级考试一级 MS Office 考试(模拟题)

一、选择题(20 分)

1.计算机之所以按人们的意志自动进行工作,最直接的原因是采用了(　　)。

A.二进制数制　　　　B.高速电子元件　　C.存储程序控制　　D.程序设计语言

2.微型计算机主机的主要组成部分是(　　)。

A.运算器和控制器　　　　　　　　B.CPU 和内存储器

C.CPU 和硬盘存储器　　　　　　　D.CPU、内存储器和硬盘

3.一个完整的计算机系统应该包括(　　)。

A.主机、键盘和显示器　　　　　　B.硬件系统和软件系统

C.主机和其他外部设备　　　　　　D.系统软件和应用软件

4.计算机软件系统包括(　　)。

A.系统软件和应用软件　　　　　　B.编译系统和应用系统

C.数据库管理系统和数据库　　　　D.程序、相应的数据和文档

5.在微型计算机中,控制器的基本功能是(　　)。

A.进行算术和逻辑运算　　　　　　B.存储各种控制信息

C.保持各种控制状态　　　　　　　D.控制计算机各部件协调一致地工作

6.计算机操作系统的作用是(　　)。

A.管理计算机系统的全部软、硬件资源,合理组织计算机的工作流程,以达到充分发挥计算机资源的效率,为用户提供使用计算机的友好界面

B.对用户存储的文件进行管理,方便用户

C.执行用户键入的各类命令

D.为汉字操作系统提供运行基础

7.计算机的硬件主要包括:中央处理器(CPU)、存储器、输出设备和(　　)。

A.键盘   B.鼠标   C.输入设备   D.显示器

8.下列各组设备中,完全属于外部设备的一组是(　　)。

A.内存储器、磁盘和打印机   B.CPU、软盘驱动器和 RAM

C.CPU、显示器和键盘   D.硬盘、软盘驱动器、键盘

9.五笔字型码输入法属于(　　)。

A.音码输入法   B.形码输入法   C.音形结合输入法   D.联想输入法

10.一个 GB22312 编码字符集中的汉字的机内码长度是(　　)。

A.32 位   B.24 位   C.16 位   D.8 位

11.RAM 的特点是(　　)。

A.断电后,存储在其内的数据将会丢失

B.存储在其内的数据将永久保存

C.用户只能读出数据,但不能随机写入数据

D.容量大但存取速度慢

12.在计算机存储器中,组成一个字节的二进制位数是(　　)。

A.4   B.8   C.16   D.32

13.微型计算机硬件系统中最核心的部件是(　　)。

A.硬盘   B.I/O 设备   C.内存储器   D.CPU

14.无符号二进制整数 10111 转变成十进制整数,其值是(　　)。

A.17   B.19   C.21   D.23

15.一条计算机指令中,通常包含(　　)。

A.数据和字符   B.操作码和操作数   C.运算符和数据   D.被运算数和结果

16.KB(千字节)是度量存储器容量大小的常用单位之一,1KB 实际等于(　　)。

A.1 000 个字节   B.1 024 个字节   C.1 000 个二进位   D.1 024 个字

17.计算机病毒破坏的主要对象是(　　)。

A.磁盘片   B.磁盘驱动器   C.CPU   D.程序和数据

18.下列叙述中,正确的是(　　)。

A.CPU 能直接读取硬盘上的数据   B.CUP 能直接存取内存储器中的数据

C.CPU 由存储器和控制器组成   D.CPU 主要用来存储程序和数据

19.在计算机技术指标中,MIPS 用来描述计算机的(　　)。

A.运算速度   B.时钟主频   C.存储容量   D.字长

20.局域网的英文缩写是(　　)。

A.WAM   B.LAN   C.MAN   D.Internet

二、汉字录入(10 分)

录入下列文字,方法不限,限时 10 分钟。

[文字开始]

万维网(World Wide Web,简称 Web)的普及促使人们思考教育事业的前景,尤其是在能够充分利用 Web 的条件下计算机科学教育的前景。有很多把 Web 有效地应用于教育

的例子,但也有很多误解和误用。例如,有人认为只要在 Web 上发布信息让用户通过 Internet 访问就万事大吉了,这种简单的想法具有严重的缺陷。有人说 Web 技术将会取代教师从而导致教育机构的消失。

[文字结束]

三、Windows 的基本操作(10 分)

1.在考生文件夹下创建一个 BOOK 新文件夹。

2.将考生文件夹下 VOTUNA 文件夹中的 boyable.doc 文件复制到同一文件夹下,并命名为 syad.doc。

3.将考生文件夹 BENA 文件夹中的文件 PRODUCT.WRI 的"隐藏"和"只读"属性撤销,并设置为"存档"属性。

4.将考生文件夹下 JIEGUO 文件夹中的 piacy.txt 文件移动到考生文件夹中。

5.查找考生文件夹中的 anews.exe 文件,然后为它建立名为 RNEW 的快捷方式,并存放在考生文件夹下。

四、Word 操作题(25 分)

1.打开考生文件夹下的 Word 文档 WD1.DOC,其内容如下:

[WD1.DOC 文档开始]

负电数的表示方法

负电数是指小数点在数据中的位置可以左右移动的数据,它通常被表示成:$N = M \cdot R^E$,这时,M 称为负电数的尾数,R 称为阶的基数,E 称为阶的阶码。

计算机中一般规定 R 为 2、8 或 16,是一常数,不需要在负电数中明确表示出来。

要表示负电数,一是要给出尾数,通常用定点小数的形式表示,它决定了负电数的表示精度;二是要给出阶码,通常用整数形式表示,它指出小数点在数据中的位置,也决定了负电数的表示范围。负电数一般也有符号位。

[WD1.DOC 文档结束]

按要求对文档进行编辑、排版和保存:

(1)将文中的错词"负电"更正为"浮点"。将标题段文字("浮点数的表示方法")设置为小二号楷体 GB_2312、加粗、居中、并添加黄色底纹;将正文各段文字("浮点数是指……也有符号位。")设置为五号黑体;各段落首行缩进 2 个字符,左右各缩进 5 个字符,段前间距位 2 行。

(2)将正文第一段("浮点数是指……阶码。")中的"$N = M \cdot R^E$"的"E"变为"R"的上标。

(3)插入页眉,并输入页眉内容"第三章浮点数",将页眉文字设置为小五号宋体,对齐方式为"右对齐"。

2.打开考生文件夹下的 Word 文档 WD1.DOC 文件并另存为 WD2.DOC 至考生文件夹下。

按要求完成以下操作并原名保存:

（1）在文档最后添加表格，自定义录入××班级成绩表，并录入 5 行记录。列标题为"平均成绩"；计算各考生的平均成绩并插入相应的单元格内，要求保留 2 位小数；再将表格中的各行内容按"平均成绩"的递减次序进行排序。

（2）将表格列宽设置为 2.5 厘米，行高设置为 0.8 厘米；将表格设置成文字对齐方式为垂直和水平居中；表格内线设置成 0.75 磅实线，外框线设置成 1.5 磅实线，第 1 行标题行设置为灰色-25%的底纹；表格居中。

五、Excel 操作题（15 分）

自定义表格"××公司年度销售表"并添加相应记录。

1. 将表中各字段名的字体设为楷体、12 号、斜体字。

2. 根据公式"销售额=各商品销售额之和"计算各季度的销售额。

3. 在合计一行中计算出各季度各种商品的销售额之和。

4. 将所有数据的显示格式设置为带千位分隔符的数值，保留两位小数。

5. 将所有记录按销售额字段升序重新排列。

六、PowerPoint 操作题（10 分）

打开考生文件夹下如下的演示文稿"健康"，按要求完成操作并保存。

1. 幻灯片前插入一张"标题 s"幻灯片，主标题为"什么是 21 世纪的健康人?"，副标题为"专家谈健康"；主标题文字设置：隶书、54 磅、加粗；副标题文字设置成：宋体、40 磅、倾斜。

2. 全部幻灯片用"应用设计模板"中的"Soaring"做背景；幻灯片切换用：中速、向下插入；标题和正文都设置成左侧飞入。最后预览结果并保存。

七、因特网操作题（10 分）

1. 某模拟网站的主页地址是：http://localhost/djksweb/index.htm，打开此主页，浏览"中国地理"页面，将"中国地理的自然数据"的页面内容以文本文件的格式保存到考生目录下，并命名为"zrdl"。

2. 向阳光小区物业管理部门发一个 E-mail，反映自来水漏水问题。具体如下：

【收件人】wygl@ sunshine.com.bj.cn

【抄送】

【主题】自来水漏水

【函件内容】"小区管理负责同志：本人看到小区西草坪中的自来水管漏水已有一天了，无人处理，请你们及时修理，免得造成更大的浪费。"

参考答案：

一、选择题

1—5：CBBAD　6—10：ACDBC　11—15：ABDDB　16—20：BDBAB

其余　略。

附录3　计算机二级MS公共基础100题

1.下面叙述正确的是(　　　)。

A.算法的执行效率与数据的存储结构无关

B.算法的空间复杂度是指算法程序中指令(或语句)的条数

C.算法的有穷性是指算法必须能在执行有限个步骤之后终止

D.以上三种描述都不对

2.以下数据结构中不属于线性数据结构的是(　　　)。

A.队列　　　　　　B.线性表　　　　　　C.二叉树　　　　　　D.栈

3.在一棵二叉树上第5层的结点数最多是(　　　)。

A.8　　　　　　　B.16　　　　　　　C.32　　　　　　　D.15

4.下面描述中,符合结构化程序设计风格的是(　　　)。

A.使用顺序、选择和重复(循环)3种基本控制结构表示程序的控制逻辑

B.模块只有一个入口,但可以有多个出口

C.注重提高程序的执行效率

D.不使用goto语句

5.下面概念中,不属于面向对象方法的是(　　　)。

A.对象　　　　　　B.继承　　　　　　C.类　　　　　　　D.过程调用

6.在结构化方法中,用数据流程图(DFD)作为描述工具的软件开发阶段是(　　　)。

A.可行性分析　　　B.需求分析　　　　C.详细设计　　　　D.程序编码

7.在软件开发中,下面任务不属于设计阶段的是(　　　)。

A.数据结构设计　　　　　　　　　B.给出系统模块结构

C.定义模块算法　　　　　　　　　D.定义需求并建立系统模型

8.数据库系统的核心是(　　　)。

A.数据模型　　　　B.数据库管理系统　C.软件工具　　　　D.数据库

9.下列叙述中正确的是(　　　)。

A.数据库是一个独立的系统,不需要操作系统的支持

B.数据库设计是指设计数据库管理系统

C.数据库技术的根本目标是要解决数据共享的问题

D.数据库系统中,数据的物理结构必须与逻辑结构一致

10.下列模式中,能够给出数据库物理存储结构与物理存取方法的是(　　　)。

A.内模式　　　　　B.外模式　　　　　C.概念模式　　　　D.逻辑模式

11.算法的时间复杂度是指(　　　)。

A.执行算法程序所需要的时间

B.算法程序的长度

C.算法执行过程中所需要的基本运算次数

D.算法程序中的指令条数

12.下列叙述中正确的是(　　　)。

　　A.线性表是线性结构　　　　　　　　　　B.栈与队列是非线性结构

　　C.线性链表是非线性结构　　　　　　　　D.二叉树是线性结构

13.设一棵完全二叉树共有 699 个结点,则在该二叉树中的叶子结点数为(　　　)。

　　A.349　　　　　　　　B.350　　　　　　　　C.255　　　　　　　　D.351

14.结构化程序设计主要强调的是(　　　)。

　　A.程序的规模　　　　　B.程序的易读性　　　C.程序的执行效率　　D.程序的可移植性

15.在软件生命周期中,能准确确定软件系统必须做什么和必须具备哪些功能的阶段是(　　　)。

　　A.概要设计　　　　　　B.详细设计　　　　　C.可行性分析　　　　D.需求分析

16.数据流图用于抽象描述一个软件的逻辑模型,数据流图由一些特定的图符构成。下列图符名标识的图符不属于数据流图合法图符的是(　　　)。

　　A.控制流　　　　　　　B.加工　　　　　　　C.数据存储　　　　　D.源和潭

17.软件需求分析阶段的工作可以分为 4 个方面:需求获取、需求分析、编写需求规格说明书以及(　　　)。

　　A.阶段性报告　　　　　B.需求评审　　　　　C.总结　　　　　　　D.都不正确

18.下述关于数据库系统的叙述中正确的是(　　　)。

　　A.数据库系统减少了数据冗余

　　B.数据库系统避免了一切冗余

　　C.数据库系统中数据的一致性是指数据类型的一致

　　D.数据库系统比文件系统能管理更多的数据

19.关系表中的每一横行称为一个(　　　)。

　　A.元组　　　　　　　　B.字段　　　　　　　C.属性　　　　　　　D.码

20.数据库设计包括两个方面的设计内容,它们是(　　　)。

　　A.概念设计和逻辑设计　　　　　　　　　　B.模式设计和内模式设计

　　C.内模式设计和物理设计　　　　　　　　　D.结构特性设计和行为特性设计

21.算法的空间复杂度是指(　　　)。

　　A.算法程序的长度　　　　　　　　　　　　B.算法程序中的指令条数

　　C.算法程序所占的存储空间　　　　　　　　D.算法执行过程中所需要的存储空间

22.下列关于栈的叙述中正确的是(　　　)。

　　A.在栈中只能插入数据　　　　　　　　　　B.在栈中只能删除数据

　　C.栈是先进先出的线性表　　　　　　　　　D.栈是先进后出的线性表

23.在深度为 5 的满二叉树中,叶子结点的个数为(　　　)。

　　A.32　　　　　　　　　B.31　　　　　　　　C.16　　　　　　　　D.15

24.对建立良好的程序设计风格,下面描述正确的是(　　　)。

　　A.程序应简单、清晰、可读性好　　　　　　B.符号名的命名要符合语法

C.充分考虑程序的执行效率　　　　　　D.程序的注释可有可无

25.下面对对象概念描述错误的是(　　　)。

A.任何对象都必须有继承性　　　　　　B.对象是属性和方法的封装体

C.对象间的通信靠消息传递　　　　　　D.操作是对象的动态性属性

26.下面不属于软件工程的 3 个要素的是(　　　)。

A.工具　　　　　　B.过程　　　　　　C.方法　　　　　　D.环境

27.程序流程图(PFD)中的箭头代表的是(　　　)。

A.数据流　　　　　　B.控制流　　　　　　C.调用关系　　　　　　D.组成关系

28.在数据管理技术的发展过程中,经历了人工管理阶段、文件系统阶段和数据库系统阶段。其中数据独立性最高的阶段是(　　　)。

A.数据库系统　　　　　　B.文件系统　　　　　　C.人工管理　　　　　　D.数据项管理

29.用树形结构来表示实体之间联系的模型称为(　　　)。

A.关系模型　　　　　　B.层次模型　　　　　　C.网状模型　　　　　　D.数据模型

30.关系数据库管理系统能实现的专门关系运算包括(　　　)。

A.排序、索引、统计　　　　　　B.选择、投影、连接

C.关联、更新、排序　　　　　　D.显示、打印、制表

31.算法一般都可以用哪几种控制结构组合而成(　　　)。

A.循环、分支、递归　　　　　　B.顺序、循环、嵌套

C.循环、递归、选择　　　　　　D.顺序、选择、循环

32.数据的存储结构是指(　　　)。

A.数据所占的存储空间量　　　　　　B.数据的逻辑结构在计算机中的表示

C.数据在计算机中的顺序存储方式　　　D.存储在外存中的数据

33.下列叙述中正确的是(　　　)。

A.数据处理是将信息转化为数据的全过程

B.数据库设计是指设计数据库管理系统

C.如果一个关系中的属性并非该关系的关键字,但它是另一个关系的关键字,则称其为本关系的外关键字

D.关系中的每列为元组,一个元组就是一个字段

34.在面向对象方法中,一个对象请求另一对象为其服务的方式是通过发送(　　　)。

A.调用语句　　　　　　B.命令　　　　　　C.口令　　　　　　D.消息

35.检查软件产品是否符合需求定义的过程称为(　　　)。

A.确认测试　　　　　　B.集成测试　　　　　　C.验证测试　　　　　　D.验收测试

36.下列工具中属于需求分析常用工具的是(　　　)。

A.PAD　　　　　　B.PFD　　　　　　C.N-S　　　　　　D.DFD

37.下面不属于软件设计原则的是(　　　)。

A.抽象　　　　　　B.模块化　　　　　　C.自底向上　　　　　　D.信息隐蔽

38.索引属于(　　　)。

A.模式 B.内模式 C.外模式 D.概念模式

39.在关系数据库中,用来表示实体之间联系的是( )。

A.树结构 B.网结构 C.线性表 D.二维表

40.将 E-R 图转换到关系模式时,实体与联系都可以表示成( )。

A.属性 B.关系 C.键 D.域

41.在下列选项中,( )不是一个算法一般应该具有的基本特征。

A.确定性 B.可行性 C.无穷性 D.拥有足够的情报

42.希尔排序法属于哪一种类型的排序法( )。

A.交换类排序法 B.插入类排序法 C.选择类排序法 D.建堆排序法

43.下列关于队列的叙述中正确的是( )。

A.在队列中只能插入数据 B.在队列中只能删除数据

C.队列是先进先出的线性表 D.队列是先进后出的线性表

44.对长度为 N 的线性表进行顺序查找,在最坏情况下所需要的比较次数为( )。

A.$N+1$ B.N C.$\dfrac{N+1}{2}$ D.$\dfrac{N}{2}$

45.信息隐蔽的概念与下述哪一种概念直接相关( )。

A.软件结构定义 B.模块独立性 C.模块类型划分 D.模拟耦合度

46.面向对象的设计方法与传统的面向过程的方法有着本质的不同,它的基本原理是( )。

A.模拟现实世界中不同事物之间的联系

B.强调模拟现实世界中的算法而不强调概念

C.使用现实世界的概念抽象地思考问题从而自然地解决问题

D.鼓励开发者在软件开发的绝大部分中都用实际领域的概念去思考

47.在结构化方法中,软件功能分解属于下列软件开发中的阶段是( )。

A.详细设计 B.需求分析 C.总体设计 D.编程调试

48.软件调试的目的是( )。

A.发现错误 B.改正错误 C.改善软件的性能 D.挖掘软件的潜能

49.按条件 f 对关系 R 进行选择,其关系代数表达式为( )。

A.R|X|R B.R|X|Rf C.6f(R) D.∏f(R)

50.在数据库概念设计的过程中,视图设计一般有 3 种设计次序,以下各项中不对的是( )。

A.自顶向下 B.由底向上 C.由内向外 D.由整体到局部

51.在计算机中,算法是指( )。

A.查询方法 B.加工方法

C.解题方案的准确而完整的描述 D.排序方法

52.栈和队列的共同点是( )。

A.都是先进后出 B.都是先进先出

C.只允许在端点处插入和删除元素　　　D.没有共同点

53.已知二叉树后序遍历序列是 dabec,中序遍历序列是 debac,它的前序遍历序列是（　　　）。

A.cedba　　　　　B.acbed　　　　　C.decab　　　　　D.deabc

54.在下列几种排序方法中,要求内存量最大的是（　　　）。

A.插入排序　　　　B.选择排序　　　　C.快速排序　　　　D.归并排序

55.在设计程序时,应采纳的原则之一是（　　　）。

A.程序结构应有助于读者理解　　　　　　B.不限制 goto 语句的使用

C.减少或取消注解行　　　　　　　　　　D.程序越短越好

56.下列不属于软件调试技术的是（　　　）。

A.强行排错法　　　　B.集成测试法　　　　C.回溯法　　　　D.原因排除法

57.下列叙述中,不属于软件需求规格说明书的作用的是（　　　）。

A.便于用户、开发人员进行理解和交流

B.反映用户问题的结构,可以作为软件开发工作的基础和依据

C.作为确认测试和验收的依据

D.便于开发人员进行需求分析

58.在数据流图(DFD)中,带有名字的箭头表示（　　　）。

A.控制程序的执行顺序　　　　　　　　　B.模块之间的调用关系

C.数据的流向　　　　　　　　　　　　　D.程序的组成成分

59.SQL 语言又称为（　　　）。

A.结构化定义语言　　　　　　　　　　　B.结构化控制语言

C.结构化查询语言　　　　　　　　　　　D.结构化操纵语言

60.视图设计一般有 3 种设计次序,下列不属于视图设计的是（　　　）。

A.自顶向下　　　　B.由外向内　　　　C.由内向外　　　　D.自底向上

61.数据结构中,与所使用的计算机无关的是数据的（　　　）。

A.存储结构　　　　B.物理结构　　　　C.逻辑结构　　　　D.物理和存储结构

62.栈底至栈顶依次存放元素 A、B、C、D,在第五个元素 E 入栈前,栈中元素可以出栈,则出栈序列可能是（　　　）。

A.ABCED　　　　B.DBCEA　　　　C.CDABE　　　　D.DCBEA

63.线性表的顺序存储结构和线性表的链式存储结构分别是（　　　）。

A.顺序存取的存储结构、顺序存取的存储结构

B.随机存取的存储结构、顺序存取的存储结构

C.随机存取的存储结构、随机存取的存储结构

D.任意存取的存储结构、任意存取的存储结构

64.在单链表中,增加头结点的目的是（　　　）。

A.方便运算的实现　　　　　　　　　　　B.使单链表至少有一个结点

C.标识表结点中首结点的位置　　　　　　D.说明单链表是线性表的链式存储实现

65.软件设计包括软件的结构、数据接口和过程设计,其中软件的过程设计是指(　　　)。

A.模块间的关系 　　　　　　　　　B.系统结构部件转换成软件的过程描述

C.软件层次结构 　　　　　　　　　D.软件开发过程

66.为了避免流程图在描述程序逻辑时的灵活性,提出了用方框图来代替传统的程序流程图,通常也把这种图称为(　　　)。

A.PAD 图 　　　　　　B.N-S 图 　　　　　　C.结构图 　　　　　　D.数据流图

67.数据处理的最小单位是(　　　)。

A.数据 　　　　　　B.数据元素 　　　　　　C.数据项 　　　　　　D.数据结构

68.下列有关数据库的描述,正确的是(　　　)。

A.数据库是一个 DBF 文件 　　　　　　B.数据库是一个关系

C.数据库是一个结构化的数据集合 　　　D.数据库是一组文件

69.单个用户使用的数据视图的描述称为(　　　)。

A.外模式 　　　　　　B.概念模式 　　　　　　C.内模式 　　　　　　D.存储模式

70.需求分析阶段的任务是确定(　　　)。

A.软件开发方法 　　　B.软件开发工具 　　　C.软件开发费用 　　　D.软件系统功能

71.算法分析的目的是(　　　)。

A.找出数据结构的合理性 　　　　　　B.找出算法中输入和输出之间的关系

C.分析算法的易懂性和可靠性 　　　　D.分析算法的效率以求改进

72.n 个顶点的强连通图的边数至少有(　　　)个。

A.$n-1$ 　　　　　　B.$n(n-1)$ 　　　　　　C.n 　　　　　　D.$n+1$

73.已知数据表 A 中每个元素距其最终位置不远,为节省时间,应采用的算法是(　　　)。

A.堆排序 　　　　　　B.直接插入排序 　　　C.快速排序 　　　　　　D.直接选择排序

74.用链表表示线性表的优点是(　　　)。

A.便于插入和删除操作 　　　　　　B.数据元素的物理顺序与逻辑顺序相同

C.花费的存储空间较顺序存储少 　　　D.便于随机存取

75.下列不属于结构化分析的常用工具的是(　　　)。

A.数据流图 　　　　　　B.数据字典 　　　　　　C.判定树 　　　　　　D.PAD 图

76.软件开发的结构化生命周期方法将软件生命周期划分成(　　　)。

A.定义、开发、运行维护 　　　　　　B.设计阶段、编程阶段、测试阶段

C.总体设计、详细设计、编程调试 　　　D.需求分析、功能定义、系统设计

77.在软件工程中,白箱测试法可用于测试程序的内部结构。此方法将程序看作(　　　)。

A.循环的集合 　　　B.地址的集合 　　　C.路径的集合 　　　D.目标的集合

78.在数据管理技术发展过程中,文件系统与数据库系统的主要区别是数据库系统具有(　　　)。

A.数据无冗余 B.数据可共享

C.专门的数据管理软件 D.特定的数据模型

79.分布式数据库系统不具有的特点是(　　)。

A.分布式 B.数据冗余

C.数据分布性和逻辑整体性 D.位置透明性和复制透明性

80.下列说法中,不属于数据模型所描述内容的是(　　)。

A.数据结构 B.数据操作 C.数据查询 D.数据约束

81.下列关于栈的叙述正确的是(　　)。

A.在栈中只能插入数据 B.在栈中只能删除数据

C.栈是先进先出的线性表 D.栈是先进后出的线性表

82.设有下列二叉树:

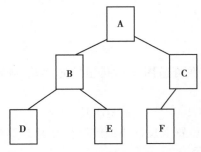

对此二叉树前序遍历的结果为(　　)。

A.ABCDEF B.DBEAFC C.ABDECF D.DEBFCA

83.在数据库管理系统中能实现的专门关系运算包括(　　)。

A.排序、索引、统计 B.选择、投影、连接

C.关联、更新、排序 D.显示、打印、制表

84.在数据库中,用来表示实体之间联系的是(　　)。

A.树结构 B.网结构 C.线性表 D.二维表

85.下列叙述中,正确的是(　　)。

A.自己编写的程序主要是给自己使用的 B.当前编写的程序主要是供当前使用的

C.运行结果正确的程序一定具有易读性 D.上述3种说法都不对

86.长度为0的线性表称为(　　)。

A.数据单元 B.记录 C.空表 D.单个数组

87.在完全二叉树中,若一个结点没有(　　),则它必定是叶子结点。

A.右子结点 B.左子结点或右子结点

C.左子结点 D.兄弟

88.在基本层次联系中,学校与校长之间的联系是(　　)。

A.一对一联系 B.一对多联系 C.多对多联系 D.多对一联系

89.设关系 R 和 S 分别有 m 和 n 个元组,则 R * S 的元组个数是(　　)。

A.m B.n C.$m*n$ D.m/n

90.在下列数据结构中,不是线性结构的是(　　)。

　A.线性链表　　　　　　B.带链的栈　　　　　　C.带链的队列　　　　D.二叉链表

91.在下列数据结构中按先进后出的原则组织数据的(　　)。

　A.循环队列　　　　　　B.栈　　　　　　　　　C.循环链表　　　　　D.顺序表

92.下列叙述中,正确的是(　　)。

　A.软件维护是指修复程序中被破坏的指令

　B.软件一旦交付使用就不需要再进行维护

　C.软件交付使用后还需要进行维护

　D.软件交付使用后其生命周期即结束

93.数据独立性是数据库技术的重要特点之一。所谓数据独立性是指(　　)。

　A.数据与程序独立存放

　B.不同的数据被存放在不同的文件中

　C.不同的数据只能被对应的应用程序所使用

　D.以上3种说法都不对

94.一辆汽车由多个零部件组成,且相同的零部件可适用于不同型号的汽车,则汽车实体集与零部件实体集之间的联系是(　　)。

　A.1:1　　　　　　　　B.1:M　　　　　　　　C.M:1　　　　　　　D.M:N

95.对顺序存储的线性表,设其长度为n,在任何位置上反插入或删除操作都是等概率的,插入一个元素时大约要移动表中的(　　)个元素。

　A.n　　　　　　　　B.$n/2$　　　　　　　　C.$(n+1)/2$　　　　　D.$n+1$

96.软件开发阶段通常可分成(　　)等阶段。

　A.软件设计、编码、软件测试　　　　　　B.软件编码、分析、软件测试

　C.软件分析、编码、软件测试　　　　　　D.软件维护、编码、软件测试

97.在结构化中方法中,用数据流程图(DFD)作为描述工具的软件开发阶段是(　　)。

　A.可行性分析　　　B.需求分析　　　　C.详细设计　　　　D.程序编码

98.下列软件中,属于系统软件的是(　　)。

　A.航天信息系统　　B.Office 2003　　C.Windows Vista　　D.决策支持系统

99.下面叙述中错误的是(　　)。

　A.软件测试的目的是发现错误并改正错误

　B.对被调试的程序进行"错误定位"是程序调试的必要步骤

　C.程序调试通常也称为Debug

　D.软件测试应严格执行测试计划,排除测试的随意性

100.20 GB 的硬盘表示容量约为(　　)。

　A.20亿个字节　　B.20亿个二进制位　C.200亿个字节　　D.200亿个二进制位

参考答案

1—5：CCBAD	6—10：BDBCA	11—15：CABBD	16—20：ABAAA
21—25：DDCAA	26—30：DBABB	31—35：DBCDA	36—40：DCBDB
41—45：CBCBB	46—50：CCBCD	51—55：CCADA	56—60：BDCCB
61—65：CDBAB	66—70：BCCAD	71—75：DCBAD	76—80：ACDBC
81—85：DCBBD	86—90：CCADD	91—95：BCDDB	96—100：ABCAC

附录4　全国计算机二级 MS Office 2010 操作题

练习一

一、Word 字处理题

文档"北京政府统计工作年报.docx"是一篇从互联网上获取的文字资料,请打开该文档并按下列要求进行排版及保存操作:

①将文档中的西文空格全部删除。【替换→"删除"】

②将纸张大小设为16开,上边距设为3.2 cm、下边距设为3 cm,左右页边距均设为2.5 cm。【页面设置】

③利用素材前三行内容为文档制作一个封面页,令其独占一页(参考样例文件"封面样例.png")。【插入→封面】

④将标题"(三)咨询情况"下用蓝色标出的段落部分转换为表格【文本转表格】,为表格套用一种表格样式使其更加美观【表格样式】。基于该表格数据,在表格下方插入一个饼图,用于反映各种咨询形式所占比例,要求在饼图中仅显示百分比。【图表】

⑤将文档中以"一、""二、"……开头的段落设为"标题1"样式;以"(一)""(二)"……开头的段落设为"标题2"样式;以"1.""2."……开头的段落设为"标题3"样式。【开始→样式→标题】

⑥为正文第2段中用红色标出的文字"统计局队政府网站"添加超链接,链接地址为"http://www.bistats.gov.cn/"。【超链接】同时在"统计局队政府网站"后添加脚注,内容为 http://www.bistats.gov.cn。【引用→脚注】

⑦将除封面页外的所有内容分为两栏显示,但是前述表格及相关图表仍需跨栏居中显示,无须分栏。【页面布局→分栏→(不同的分栏处会产生分节符的连续)】

⑧在封面页与正文之间插入目录,目录要求包含标题第1~3级及对应页号。目录单独占用一页,且无须分栏。【引入→自动生成目录】

⑨除封面页和目录页外【页面布局→分隔符→分节符】,在正文页上添加页眉,内容为文档标题"北京市政府信息公开工作年度报告"和页码,要求正文页码从第1页开始,其中奇数页眉居右显示,页码在标题右侧,偶数页眉居左显示,页码在标题左侧。【页眉页脚

→连接到前一条页眉→页码→奇偶页不同】

⑩将完成排版的文档先以原 Word 格式及文件名"北京政府统计工作年报.docx"进行保存,再另行生成一份同名的 PDF 文档进行保存。

二、Excel 表格处理题

中国的人口发展形势非常严峻,为此国家统计局每 10 年进行一次全国人口普查,以掌握全国人口的增长速度及规模。按照下列要求完成对第五次、第六次人口普查数据的统计分析:

①新建一个空白 Excel 文档,将工作表 Sheet1 更名为"第五次普查数据",将 Sheet2 更名为"第六次普查数据",将该文档以"全国人口普查数据分析.xlsx"为文件名进行保存。【新建→工作表的重命名】

②浏览网页"第五次全国人口普查公报.htm",将其中的"2000 年第五次全国人口普查主要数据"表格导入工作表"第五次普查数据"中;浏览网页"第六次全国人口普查公报.htm",将其中的"2010 年第六次全国人口普查主要数据"表格导入工作表"第六次普查数据"中(要求均从 A1 单元格开始导入,不得对两个工作表中的数据进行排序)。【获取外部数据】

③对两个工作表总的数据区域套用合适的表格样式,要求至少四周有边框、且偶数行有底纹,并将所有人口数列的数字格式设为带千位分隔符的整数。【套用表格样式→设置单元格格式】

④将两个工作表内容合并,合并后的工作表放置在新工作表"比较数据"中(自 A1 单元格开始),且保持最左列仍为地区名称、A1 单元格中的列标题为"地区",对合并后的工作表适当的调整行高列宽、字体字号、边框底纹等【单元格格式】,使其便于阅读。以"地区"为关键字对工作表"比较数据"进行升序排列。【VLOOKUP】

⑤在合并后的工作表"比较数据"中的数据区域最右边依次增加"人口增长数"和"比重变化"两列,计算这两列的值,并设置合适的格式。其中:人口增长数=2010 年人口数−2000 年人口数;比重变化=2010 年比重−2000 年比重。【基本的加减运算】

⑥打开工作簿"统计指标.xlsx",将工作表"统计数据"插入正在编辑的文档"全国人口普查数据分析.xlsx"中工作表"比较数据"的右侧。【工作表的移动→跨工作簿】

⑦在工作簿"全国人口普查数据分析.xlsx"的工作表"比较数据"中的相应单元格内填入统计结果。【计算(1.利用函数,2.排序筛选→(最后要还原)记住:如果题目要求不能进行排序,复制一张表进行排序,把该表删除】

⑧基于工作表"比较数据"创建一个数据透视表,将其单独存放在一个名为"透视分析"的工作表中。透视表中要求筛选出 2010 年人口数超过 5 000 万的地区及其人口数、2010 年所占比重、人口增长数,并按人口数从多到少排序。最后适当调整透视表中的数字格式(提示:行标签为"地区",数字项依次为 2010 年人口数、2010 年比重、人口增长数)。【数据透视表】

三、PowerPoint 演示文稿题

某学校初中二年级五班的物理老师要求学生两人一组制作一份物理课件。小曾与小张自愿组合,他们制作完成的第一章后三节内容见文档"第 3～5 节.pptx",前两节内容存放在文本文件"第 1～2 节.pptx"中。小张需要按下列要求完成课件的整合制作:

①为演示文稿"第 1～2 节.pptx"指定一个合适的设计主题;为演示文稿"第 3～5 节.pptx"指定另一个设计主题,两个主题应不同。【分节+设计】

②将演示文稿"第 3～5 节.pptx"和"第 1～2 节.pptx"中的所有幻灯片合并到"物理课件.pptx"中,要求所有幻灯片保留原来的格式。以后的操作均在文档"物理课件.pptx"中进行。【跨文稿移动】

③在"物理课件.pptx"的第 3 张幻灯片之后插入一张版式为"仅标题"的幻灯片,输入标题文字"物质的状态",在标题下方制作一张射线列表式关系图,样例参考"关系图素材及样例.docx",所需图片在考生文件夹中。为该关系图添加适当的动画效果,要求同一级别的内容同时出现、不同级别的内容先后出现。【版式+动画】

④在第 6 张幻灯片后插入一张版式为"标题和内容"的幻灯片,在该张幻灯片中插入与素材"蒸发和沸腾的异同点.docx"文档中所示相同的表格,并为该表格添加适当的动画效果。【表格+动画】

⑤将第 4 张、第 7 张幻灯片分别连接到第 3 张、第 6 张幻灯片的相关文字上。【超链接】

⑥除标题页外,为幻灯片添加编号及页脚,页脚内容为"第一章物态及其变化"。【页眉页脚】

⑦为幻灯片设置适当的切换方式,以丰富放映效果。【切换】

练习二

一、Word 字处理题

在考生文件夹下打开文本文件"word 素材.txt",按照要求完成下列操作并以文件名"WORD.docx"保存结果文档。

张静是一名大学本科三年级学生,经多方面了解分析,她希望在下周去一家公司实习。为获得难得的实习机会,她打算利用 Word 精心制作一份简洁而醒目的个人简历,示例样式如"简历参考样式.jpg"所示,要求如下:

①调整文档版面,要求纸张大小为 A4,页边距(上、下)为 2.5 cm,页边距(左、右)为3.2 cm。【页面设置对话框】

②根据页面布局需要,在适当的位置插入标准色为橙色与白色的两个矩形,其中橙色矩形占满 A4 幅面,文字环绕方式设为"衬于文字下方",作为简历的背景。【插入图形及对应的工具选项卡】

③参照示例文件,插入标准色为橙色的圆角矩形,并添加文字"实习经验",插入 1 个短划线的虚线圆角矩形框。【插入图形,修改】

④参照示例文件,插入文本框和文字,并调整文字的字体、字号、位置和颜色。其中"张静"应为标准色橙色的艺术字,"寻求能够…"文本效果应为跟随路径的"上弯弧"。【插入文本框→插入艺术字】

⑤根据页面布局需要,插入考生文件夹下图片"1.png",依据样例进行裁剪和调整,并删除图片的裁剪区域;然后根据需要插入图片 2.jpg、3.jpg、4.jpg,并调整图片位置。【插入图片→图片工具选项卡】

⑥参照示例文件,在适当的位置使用形状中的标准色橙色箭头(提示:其中横向箭头使用线条类型箭头),插入"SmartArt"图形,并进行适当编辑。【插入 SmartArt 图形】

⑦参照示例文件,在"促销活动分析"等 4 处使用项目符号"对勾",在"曾任班长"等4 处插入符号"五角星"、颜色为标准色红色。调整各部分的位置、大小、形状和颜色,以展现统一、良好的视觉效果。【项目符号】

二、Excel 表格处理题

为让利消费者,提供更优惠的服务,某大型收费停车场规划调整收费标准,拟从原来"不足 15 分钟按 15 分钟收费"调整为"不足 15 分钟部分不收费"的收费政策。市场部抽取了 5 月 26 日至 6 月 1 日的停车收费记录进行数据分析,以期掌握该项政策调整后营业额的变化情况。请根据考生文件夹下"素材.xlsx"中的各种表格,帮助市场分析员小罗完成此项工作,具体要求如下:

①将"素材.xlsx"文件另存为"停车场收费政策调整情况分析.xlsx",所有的操作基于此新保存好的文件。【另存为】

②在"停车收费记录"表中,涉及金额的单元格格式均设置为保留 2 位小数的数值类型。依据"收费标准"表,利用公式将收费标准对应的金额填入"停车收费记录"表中的"收费标准"列;利用出场日期、时间与进场日期、时间的关系,计算"停放时间"列,单元格格式为时间类型的"××时××分"。【VLOOKUP 函数→设置单元格格式】

③依据停放时间和收费标准,计算当前收费金额并填入"收费金额"列;计算机拟采用的收费政策的预计收费金额并填入"拟收费金额"列;计算机拟调整后的收费与当前收费之间的差值并填入"差值"列。【hour、minute、mod、int、if】

④将"停车收费记录"表中的内容套用表格格式"表样式中等深浅 12",并添加汇总行,最后三列"收费金额""拟收费金额"和"差值"汇总值均为求和。【套用表格样式→sum→填充】

⑤在"收费金额"列中,将单次停车收费达到 100 元的单元格突出显示为黄底红字的货币类型。【条件格式】

⑥新建名为"数据透视分析"的表,在该表中创建 3 个数据透视表,起始位置分别为A3、A11、A19 单元格。第一个透视表的行标签为"车型",列标签为"进场日期",求和项为"收费金额",可以提供当前的每天收费情况;第二个透视表的行标签为"车型",列标签为"进场日期",求和项为"拟收费金额",可以提供调整收费政策后的每天收费情况;第三个透视表行标签为"车型",列标签为"进场日期",求和项为"差值",可以提供收费政策调整后每天的收费变化情况。【数据透视表】

三、演示文档题

"天河二号超级计算机"是我国独立自主研制的超级计算机系统,2014 年 6 月再登"全球超算 500 强"榜首,为祖国再次争得荣誉。作为北京市第××中学初二年级物理老师,李晓玲老师决定制作一个关于"天河二号"的演示幻灯片,用于学生课堂知识拓展。请你根据考生文件夹下的素材"天河二号素材.docx"及相关图片文件,帮助李老师完成制作任务,具体要求如下:

①演示文稿共包含 10 张幻灯片,标题幻灯片 1 张,概况 2 张,特点、技术参数、自主创新和应用领域各 1 张,图片欣赏 3 张(其中一张为图片欣赏标题页)。幻灯片必须选择一种设计主题,要求字体和色彩合理、美观大方。所有幻灯片中除了标题和副标题,其他文字的字体均设置为"微软雅黑"。演示文稿保存为"天河二号超级计算机.pptx"。【新建幻灯片+主题+字体设置】

②第 1 张幻灯片为标题幻灯片,标题为"天河二号超级计算机",副标题为"——2014年再登世界超算榜首"。【标题幻灯片版式】

③第 2 张幻灯片采用"两栏内容"的版式,左边一栏为文字,右边一栏为图片,图片为考生文件夹下的"image1.jpg"。【两栏内容版式】

④以下的第 3、4、5、6、7 张幻灯片的版式均为"标题和内容"。素材中的黄底文字即为相应页幻灯片的标题文字。【内容添加】

⑤第 4 张幻灯片标题为"二、特点",将其中的内容设为"垂直块列表"SmartArt 对象,素材中红色文字为一级内容,蓝色文字为二级内容。并为该 SmartArt 图形设置动画,要求组合图形"逐个"播放,并将动画的开始设置为"上一动画之后"。【SmartArt 图形+动画】

⑥利用相册功能为考生文件夹下的"image2.jpg"~"image9.jpg"8 张图片"新建相册",要求每页幻灯片 4 张图片,相框的形状为"居中矩形阴影";将标题"相册"改为"六、图片欣赏"。将相册中的所有幻灯片复制到"天河二号超级计算机.pptx"中。【相册】

⑦将该演示文稿分为 4 节,第一节节名为"标题",包含 1 张标题幻灯片;第二节节名为"概况",包含 2 张幻灯片;第三节节名为"特点、参数等",包含 4 张幻灯片;第四节节名为"图片欣赏",包含 3 张幻灯片。每一节的幻灯片均为同一种切换方式,节与节的幻灯片切换方式不同。【分节+切换】

⑧除标题幻灯片外,其他幻灯片的页脚显示幻灯片编号。【页眉页脚】

⑨设置幻灯片为循环放映方式,如果不单击鼠标,幻灯片 10 s 后自动切换至下一张。【幻灯片放映】

附录 5　常用快捷键汇总

一、Word 快捷键

组合键	功能描述	组合键	功能描述
Ctrl+S	保存	Ctrl+F	查找
Ctrl+B	加粗	Ctrl+Enter	插入分页符
Ctrl+I	斜体	Ctrl+F2	执行"打印预览"
Ctrl+U	为字符添加下划线	Ctrl+F4	关闭窗口
Ctrl+Shift+<	缩小字号	Ctrl+F10	将文档窗口关闭
Ctrl+Shift+>	增大字号	Ctrl+F5	还原文档窗口文档大小
Ctrl+C	复制所选文本或对象	Ctrl+F12	执行"打开"命令
Ctrl+X	剪切所选文本或对象	Shift+F4	重复"查找"或"定位"操作
Ctrl+V	粘贴文本或对象	Shift+F10	显示快捷菜单
Ctrl+Z	撤销上一操作	Shift+F12	选择"文件"菜单上的"保存"命令
Ctrl+Y	重复上一操作	F1	获得联机帮助或 Office 助手
Ctrl+A	全选整个文档	F12	选择"文件"菜单中的"另存为"命令
Alt+F4	退出 Word	Alt+F5	还原程序窗口大小
Alt+F10	将程序窗口最大化	Ctrl+Shift+F	改变字体
Ctrl+Shift+P	改变字号	Ctrl+]	逐磅增大字号
Shift+F3	改变字母大小写	Ctrl+[	逐磅减小字号
Ctrl+Shift+A	将所有字母设为大写	Ctrl+Shift+K	将所有字母设成小写
Ctrl+1	单倍行距	Ctrl+2	双倍行距
Ctrl+5	1.5 倍行距	Ctrl+0	在段前添加一行间距
Ctrl+E	段落居中	Ctrl+L	左对齐
Ctrl+R	右对齐	Alt+Ctrl+1	应用"标题 1"样式
Alt+Ctrl+2	应用"标题 2"样式	Alt+Ctrl+3	应用"标题 3"样式
Shift+End	选择到行尾内容	Shift+Home	选择到行首内容
Shift+↓	下一行	Shift+↑	上一行
Ctrl+Shift+↓	段尾	Ctrl+Shift+↑	段首

二、Excel 快捷键

组合键	功能描述	组合键	功能描述
Ctrl+D	向下填充	Enter	在选定区域内从上往下移动
Ctrl+R	向右填充	Tab	在选定区域中从左向右移动
Home	移动到行首	Shift+Tab	在选定区域中从右向左移动
Ctrl+Home	移动到工作表的开头	Home	移动到窗口左上角的单元格
Ctrl+End	移动到工作表的最后一个单元格,位于数据中最右列的最下行	Ctrl+空格键	选定整列
箭头键	向上、下、左或右移动一个单元格	Shift+空格键	选定整行
Ctrl+箭头键	移动到当前数据区域的边缘	Ctrl+A	选定整张工作表
Enter	完成单元格输入并选取下一个单元	=(等号)	键入公式
Alt+Enter	在单元格中换行	Enter	在单元格或编辑栏中完成单元格输入
Ctrl+Enter	用当前输入项填充选定的单元格区域	Esc	取消单元格或编辑栏中的输入
Shift+Enter	完成单元格输入并向上选取上一个单元格	Shift+F3	在公式中,显示"插入函数"对话框
Tab	完成单元格输入并向右选取下一个单元格	Ctrl+A	当插入点位于公式中公式名称的右侧时,弹出"函数参数"对话框
Shift+Tab	完成单元格输入并向左选取上一个单元格	Ctrl+Shift+A	当插入点位于公式中函数名称的右侧时,插入参数名和括号
Ctrl+Shift+:(冒号)	输入时间	Alt+=	用 SUM 函数插入"自动求和"公式
Ctrl+;	输入日期	Ctrl+'(左单引号)	在显示单元格值和显示公式之间切换

参考文献

[1] John Walkenbach.中文版 Excel 2010 宝典[M].崔婕,冉豪,译.北京:清华大学出版社,2012.

[2] 全国计算机等级考试命题研究组.全国计算机等级考试全能教程 MS Office 高级应用[M].北京:北京邮电大学出版社,2015.

[3] 颜烨,刘嘉敏.大学计算机基础(理工类)[M].重庆:重庆大学出版社,2013.

[4] 颜烨,毛盼睇,高瑜.大学计算机基础实验教程(理工类)[M].重庆:重庆大学出版社,2014.

[5] 沈炜,周克兰,钱毅湘,等.Office 高级应用案例教程[M].北京:人民邮电大学出版社,2015.

[6] 全国计算机等级考试命题研究室,虎奔教育教研中心.计算机二级 MS Office[M].北京:清华大学出版社,2017.

[7] 教育部考试中心.全国计算机等级考试二级教程:MS Office 高级应用[M].北京:高等教育出版社,2016.

[8] 郭松涛.大学计算机基础实验教程[M].重庆:重庆大学出版社,2006.

[9] 郝亮.微软办公软件国际认证标准教程——MOS2010[M].北京:中国铁道出版社,2013.

[10] 张晓昆,徐日.微软办公软件国际认证(MOS)Office 2010 大师级通关教程[M].北京:清华大学出版社,2013.